Thomas Foken
Bamberg im Klimawandel
2. erweiterte und aktualisierte Auflage

Bamberg im Klimawandel

Thomas Foken

2. erweiterte und aktualisierte Auflage

Titelbild: Altes Rathaus in Bamberg. Foto: Foken

Temperaturstreifen: Mittlere jährliche Lufttemperatur in Bamberg 1879–2023, weiß: Normalwerte 1961–1990, © Ed Hawkins, Bracknell, U.K.

Bibliografische Information der Deutschen Nationalbibliothek: Die Deutsche Nationalbibliothek verzeichnet diese Publikation in der Deutschen Nationalbibliografie; detaillierte bibliografische Daten sind im Internet über http://dnb.dnb.de abrufbar.

Verlag: BoD · Books on Demand GmbH, In de Tarpen 42, 22848 Norderstedt,

bod@bod.de

Druck: Libri Plureos GmbH, Friedensallee 273, 22763 Hamburg

ISBN: 978-3-7693-2550-8

Inhaltsverzeichnis

Das 1000-jahrige Bamberg hat nicht nur eine wechselvolle Geschichte, sondern auch ein wechselvolles Klima erlebt. Die Gründung der Stadt erfolgte im klimatischen Optimum des Mittelalters, als die Temperaturen nur unwesentlich unter unseren heutigen lagen. Bis zur Renaissance kühlte es sich merklich ab und die Periode von 1350–1860 wird als kleine Eiszeit bezeichnet, wobei es von 1570 bis 1715 besonders in den Wintern sehr kalt war. Extrem kühl war es im „Jahr ohne Sommer" 1816 infolge des Ausbruchs des indonesischen Vulkans Tambora im April 1815. Danach stieg die Lufttemperatur langsam an und erreichte 1944 sogar ein kleines Maximum, jedoch noch deutlich kühler als heute, bevor die 1950er und 1960er Jahre wieder etwas kühler waren. Alle diese Änderungen des Klimas lassen sich auf natürliche Ursachen zurückfuhren. Die in den 1970er und 1980er Jahren einsetzende stärkere und weiter anhaltende Erwärmung hat jedoch menschliche (anthropogene) Ursachen und beruht auf der verstärkten Emission von Treibhausgasen, vorwiegend des Kohlendioxids aus der Verbrennung fossiler Brennstoffe wie Kohle, Erdöl und Erdgas.

Das 30-jährige Mittel der Lufttemperatur von 1991 bis 2020 ist bereits 2,1 °C höher gegenüber dem der vorindustriellen Zeit (Anmerkung: Die Maßeinheit °C wird im vorliegenden Buch auch für Temperaturdifferenzen verwendet [1]). Dies sieht wenig aus, doch vergleicht man die Jahresmitteltemperatur in Bamberg mit Städten in Deutschland, die entsprechend wärmer sind, so haben wir gegenwärtig eine Lufttemperatur in Bamberg, wie sie vor Beginn der starken Erwärmung in den wärmsten Gebieten Deutschlands nahe Freiburg. Nun würden wir dies nicht als einen besonderen Nachteil empfinden, wenn damit nicht bestimmte Schwellwerte und kritische Belastungsgrenzen, sogenannte Kipppunkte, überschritten würden bzw. Niederschlage nicht mehr wie gewohnt über das Jahr verteilt sind. Bei Betrachtung der Wetterdaten wird man schnell bemerken, dass auch im kühleren Oberfranken durch den Klimawandel Veränderungen eingetreten sind, die eher unerwünscht sind und sich keinesfalls in der Zukunft in diese Richtung fortsetzen sollten.

Das Buch befasst sich mit den Ursachen des Klimawandels und den sich daraus abzeichnenden Veränderungen des Klimas in unserer Region und seinen Auswirkungen. Es unterscheidet sich aber gegenüber üblichen Büchern zum Klimawandel, da es einen sehr lokalen Bezug hat und die Menschen in Bamberg und Umgebung sehr konkret mit Zahlenmaterial und Grafiken aus ihrem Lebensraum ansprechen soll. Dazu ist es auch notwendig, auf die Besonderheiten des Bamberger Klimas und die Geschichte der Wetterbeobachtungen in Bamberg einzugehen. Das Buch soll eher die Einsicht in Handlungsnotwendigkeiten gegen den Klimawandel vermitteln als konkrete Festlegungen zu treffen. Damit wird der Klimawandel für den Bamberger Leser fühlbar und nicht so abstrakt, wenn es nur um Dürrefolgen in der Sahel-Zone, Überflutungen in Bangladesch oder das Auftauen des Permafrostbodens geht. Doch auch die Dimensionen vor der eigenen Haustür sind hautnah und bereits deutlich spürbar.

Im Zeitalter der Podcasts möchte der Laie gern eine Geschichte erzählt bekommen. Dem kann das Buch nicht gerecht werden in seiner eher wissenschaftlichen Darstellung. Dafür sind die Grafiken mit zuverlässigen Messwerten nach den Standards der Weltorganisation für Meteorologie unanfechtbar und, da die Daten frei zugänglich sind, von jedem nachprüfbar. Sie erwarten also keine Fake News und die Geschichte können Sie selbst aus den gezeigten Trends und veränderten Häufigkeiten ableiten, wobei das Buch dabei ein entsprechender Begleiter ist. Auch künstliche Intelligenz ist wenig hilfreich, da diese nur allgemeine Aussagen erstellen kann und die konkreten Angaben des Buches vermissen lässt.

KLIMA UND KLIMAWANDEL

Das Klima von Bamberg ist untrennbar verbunden mit dem europäischen und globalen Klima und dies gilt somit auch für die Bamberger Klimaänderungen. Daher ist es unerlässlich, dass man vor dem Blick in die Region sich erst einmal mit den globalen Klimawandel und deren Ursachen und einigen begrifflichen Grundlagen befasst, was im folgenden Kapitel in sehr kurzer und vereinfachter Form geschehen soll.

DER KLIMABEGRIFF

Als *Alexander von Humboldt* (1769–1859) von 1799 bis 1804 die Kanaren und Südamerika bereiste, stellte er fest, dass in bestimmten Höhen über dem Meeresspiegel immer wieder ähnliche Pflanzengesellschaften anzutreffen waren, da die Lufttemperatur mit zunehmender Höhe überall kontinuierlich abnahm. Diese Temperaturabnahme beträgt, wie wir heute wissen, im Mittel etwa 0,6 °C pro 100 m Höhenzunahme. Wie Humboldt feststellte, waren es die mittleren Jahrestemperaturen, die für die Verbreitung bestimmter Pflanzen ausschlaggebend waren. Somit waren in den wärmeren äquatorialen Lagen Pflanzen in deutlich größeren Höhen anzutreffen, die weiter im Norden oder Süden nur in tieferen Lagen vorkamen. Diese Tatsache war die Grundlage für sein berühmtes Naturgemälde. Daraus entstand dann bereits 1817 [2] seine und damit die erste Definition für das Klima: „Der Ausdruck Klima bezeichnet in seinem allgemeinsten Sinne alle Veränderungen in der Atmosphäre, die unsre Organe merklich afficiren: die Temperatur, die Feuchtigkeit, die Veränderungen des barometrischen Druckes, den ruhigen Luftzustand oder die Wirkungen ungleichnamiger Winde, …" [3].

Die zu Humboldts Zeiten bekannten Temperaturmessungen reichten schon aus, um bereits 1817 eine Weltkarte gleicher Jahrestemperaturen entwickeln zu können. Die wichtigste Erkenntnis daraus war, dass in gleicher nördlicher Breite durch den Einfluss des Nordatlantikstroms – der Fortsetzung des Golfstroms – die Westküste Europas deutlich wärmer als die Ostküste Nordamerikas war [4]. Es mussten aber fast 100 Jahre vergehen bis *Wladimir Köppen* (1846–1940) [5, 6] in Abhängigkeit vorwiegend vom Jahresmittel der Lufttemperatur und der Jahressumme des Niederschlages die Klimate der Erde definierte, die heute weitgehend unverändert noch gültig sind.

Die heute gültige Klimadefinition wurde durch die Weltorganisation für Meteorologie (WMO) festgelegt: „Klima ist die Synthese des Wetters über ein Zeitintervall, das im Wesentlichen lang genug ist, um die Festlegung der statistischen Ensemble-Charakteristika (Mittelwerte, Varianzen, Wahrscheinlichkeiten extremer Ereignisse usw.) zu ermöglichen und das weitgehend unabhängig bezüglich irgendwelcher augenblicklichen Zustände ist" [7]. Das bedeutet, dass einzelne wärmere oder kältere Jahre bzw. einzelne nasse und trockene Jahre keinen deutlichen Einfluss auf die für eine Klimazone oder einen Ort maßgebliches Jahresmittel der Lufttemperaturen oder Jahressummen des Niederschlages haben sollten. Dazu müssen aber ausreichend viele Jahre für die Mittelwert- bzw. Summenbildung herangezogen werden. Man hat sich dabei auf 30 Jahre festgelegt, wobei heute als Referenzperiode die Jahre 1961–1990 verwendet werden. Dies sind vorwiegend Jahre, bevor Mitte der 1980er Jahre die Erwärmung durch den Klimawandel deutlich sichtbar wurde. Neuerdings wird parallel dazu auch die bereits wärmere Periode 1991–2020 angegeben. Gegenüber den Klimawerten weisen Wetter und Witterung (z. B. einer Jahreszeit) eine hohe Variabilität auf.

DIE ENTSTEHUNG DES KLIMAS

Das Klima auf der Erde hängt von der Energie der Sonne ab, die die Erde erreicht und deren Verteilung je nach Lage eines Gebietes auf der Erde und der Jahreszeit unterschiedlich ist. Dadurch entstehen auf der Erde Klimazonen von den Polargebieten bis zu den Tropen und die Jahreszeiten. Die auf der Erde eintreffende Energie der Sonne ändert sich in Abhängigkeit von der Bahn der Erde um die Sonne. Diese Änderung erfolgt aber nur sehr langsam. Man unterscheidet drei Bewegungsformen, die

Exzentrizität der Erdbahn, die manchmal nahezu kreisförmig ist und manchmal eine ausgeprägte Ellipse aufweist, die Neigung der Erdachse gegenüber der Ebene der Umlaufbahn der Erde um die Sonne (Ekliptik) und ein Schlingern der Erdachse. Die Veränderungen sind sehr langsam und erfolgen periodisch (Tabelle 1). Sie waren verantwortlich für die Eiszeiten in der letzten Million Jahre der Erdgeschichte, nachdem die Kontinentalverschiebung und die Gebirgsbildung weitgehend abgeschlossen und beide Pole vereist waren. Dies wurde durch *Milutin Milanković* (1879–1958) schon vor 100 Jahren exakt berechnet [8], so dass man diese Veränderungen auch als Milanković-Zyklen bezeichnet. Letztmalig waren sie für die holozäne Erwärmung vor 6000–8000 Jahren verantwortlich. Seitdem und in den nächsten etwa 10.000 Jahren heben sich die Wirkungen der drei Bewegungsformen nahezu auf, sodass wir eine klimatisch außerordentlich günstige Periode für die Menschheitsentwicklung hätten, wenn wir nicht selbst in das Klimageschehen eingreifen würden.

Die Energie der Sonne hängt aber auch von ihrer Aktivität ab. Bei hoher Aktivität gibt es besonders viele sogenannte Sonnenflecken, die sich in Zyklen ändern (Tabelle 1). Beispielsweise gab es in der kleinen Eiszeit von 1645 bis 1715 nahezu keine Sonnenflecken. Trotz ständiger periodischer Änderungen der Sonnenflecken, wobei die Periode von etwa 11 Jahren besonders markant ist, sind diese auf der Erde nur dann spürbar, wenn die Aktivität der Sonne besonders groß oder gering ist. Die Klimaoptima der Römerzeit und des Mittelalters lassen sich auf die Sonnenaktivität zurückführen. Auch die Erwärmung in den letzten 20 Jahren des vergangenen Jahrhunderts war zu 30 % durch erhöhte Sonnenaktivität bedingt. Momentan nimmt die Sonnenaktivität nach einem Maximum im Jahr 2023 wieder ab [9].

Es gibt aber auch Erscheinungen, die zu einer Abkühlung führen. Bei Ausbrüchen äquatornaher Vulkane kann Asche bis in die Stratosphäre in Höhen von 15–20 km gelangen, die zu einer Trübung der Atmosphäre und Schwächung der Sonnenstrahlen führen. Die Erde wird dann 1–3 Jahre bis zu 1–2 °C niedriger. Der letzte große Vulkanausbruch war der Pinatubo am 12. Juni 1991 auf den Philippinen, der eine Abkühlung im globalen Mittel von etwa 0,5 °C im Jahr 1992 brachte. In Bamberg hatte der Ausbruch keinen nachweisbaren Einfluss auf die Lufttemperaturen. Ganz we-

Tabelle 1 Periodische Schwankungen der Erdbahnparameter und der Sonnen-
fleckenzyklen [10]

Einfluss auf die Intensität der einfallenden Sonnenstrahlung	*Periode der Schwankung*
Exzentrizität der Erdumlaufbahn, gegenwärtig Übergang zu einer kreisförmigeren Bahn	95.000 und 400.000 Jahre
Neigung der Erdachse, gegenwärtig 23,45°	41.000 Jahre
Nutation der Erdachse (Kreiselbewegung)	19.000 und 23.000 Jahre
Intensität der Sonnenflecken	11, 22, 40–50, 75–90, 180–200 Jahre

sentlich für unser Klima ist der Treibhauseffekt, der in Abbildung 1 verdeutlicht wird. Die überwiegend sichtbare kurzwellige Strahlung der Sonne erreicht die Erdoberfläche und erwärmt diese, wobei allerdings etwa 30% von der Erdoberfläche und den Wolken wieder in das Weltall zurück reflektiert werden. Entsprechend der Temperatur der Oberfläche emittiert diese wiederum eine infrarote, nicht sichtbare Wärmestrahlung. Diese wird in der Atmosphäre von den sogenannten Treibhausgasen absorbiert und danach in alle Richtungen emittiert, d.h. etwa die Hälfte der Wärmestrahlung wird wieder in Richtung Erdoberfläche emittiert und verursacht die Erwärmung durch den Treibhauseffekt. Dabei sind Wasserdampf, Kohlendioxid, Methan und Lachgas die wichtigsten Treibhausgase. Ihnen ist gemein, dass sie einen asymmetrischen Molekülaufbau haben. Die natürlicherweise in der Atmosphäre vorhandenen Treibhausgase verursachen einen Treibhauseffekt von 33 °C, wobei die Anteile von Wasserdampf 21 °C und von Kohlendoxid 7 °C sind. Ohne diesen natürlichen Treibhauseffekt wäre auf der Erde nur äquatornah Leben möglich und die Mitteltemperatur der Erde wäre nicht 15 °C sondern −18 °C. Gelangen mehr Treibhausgase in die Atmosphäre, so erhöht sich die Erwärmung durch den Treibhauseffekt. Der Kohlendioxidgehalt der Erdatmosphäre war seit mindestens 800.000 Jahren nahezu konstant unter dem vorindustriellen Wert von 280 ppm (part per million, d.h. Moleküle Kohlendioxid pro eine Million Luftmolekülen), überschritt aber durch die

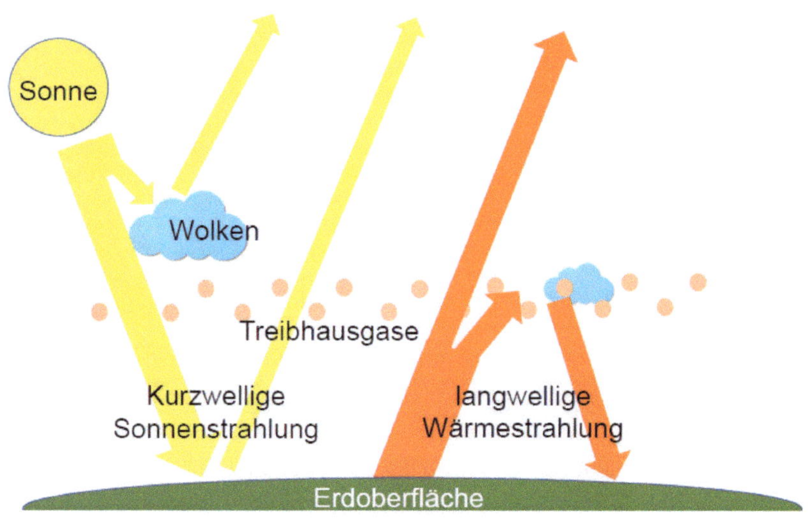

Abbildung 1 Schematische Darstellung des Treibhauseffektes

Emission von Kohlendioxid aus fossilen Quellen (Kohle, Erdöl, Erdgas) im Jahr 2023 bereits den Wert von 420 ppm [11].

Neben diesen global wirkenden Klimafaktoren Sonneneinstrahlung und Treibhauseffekt gibt es eher lokal wirkende Klimafaktoren wie die Lage eines Ortes zum Meer und den dort vorhandenen Meeresströmungen. Hinzu kommt die Hohe über den Meeresspiegel und die Lage zu Gebirgen. Im sehr flachen Osten Nordamerikas können sehr kalte arktische Winde weit nach Süden Kaltluft bringen. In Europa sind die skandinavischen Gebirge wie ein Riegel und die Alpen schützen nochmals Norditalien.

Das lokale Klima wird sehr wesentlich durch die Energieumsetzungen an der Erdoberflache bestimmt (Abbildung 2). Die einfallende kurzwellige Sonnenstrahlung wird an den Wolken und an der Oberflache teilweise wieder zurück reflektiert, bei Schnee sind es z.T. über 90 %, Wasser dagegen reflektiert nur 5–10 %. Dementsprechend nehmen Wasserflächen viel Energie auf, während Schnee und Eis dies kaum tun. Grüne Landflächen reflektieren ca. 15–20 %, trockene Sandflächen 30–50%. Die so der Erdoberfläche zugeführte Energie erwärmt diese und sie emittiert entsprechend ihrer Temperatur Wärmestrahlung, erhält aber auch Wärmestrah-

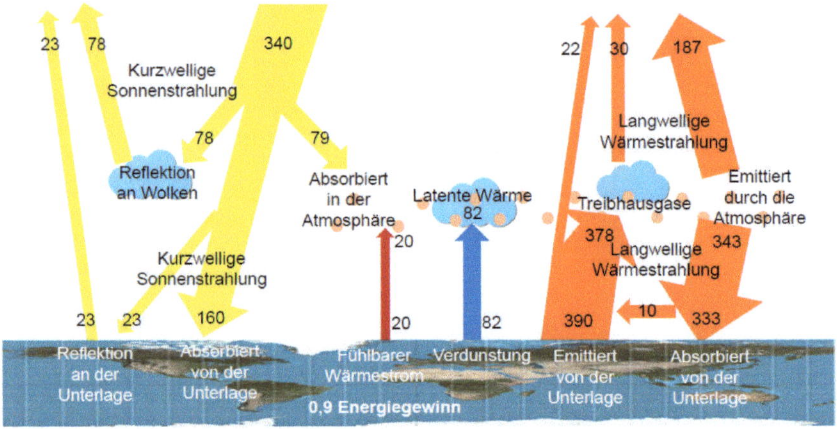

Abbildung 2 Energieumsetzungen an der Erdoberfläche, Daten nach [12], Angaben in W/m^2 (es handelt sich physikalisch um Energieflussdichten in W/m^2 = J/(m^2 s))

lung von Wolken und Treibhausgasen zurück. Die von Treibhausgasen emittierte Wärmestrahlung enthält auch den anthropogenen Anteil, der zur Klimaerwärmung führt. Ganz wesentlich für unser Klima sind zwei Ströme, die vom Boden in die Atmosphäre Energie übertragen. Der fühlbare Wärmestrom entsteht dadurch, dass sich Luftpakete an der Erdoberfläche erwärmen. Sie werden somit leichter als die Umgebungsluft und bewegen sich aufwärts, was zur Erwärmung der Luft führt. Die Lufttemperatur ist von diesem Wärmestrom abhängig, die Sonnenstrahlung erwärmt somit die Luft nicht direkt, sondern nur indirekt über die Erwärmung der Erdoberfläche. Der zweite überwiegend aufwärtsgerichtete Strom ist der latente Wärmestrom, der durch die Verdunstung bzw. Transpiration von Wasser Energie in die Atmosphäre transportiert (abwärtsgerichtet wäre Tauablagerung), die bei der Kondensation in den Wolken wieder frei wird. Beide Ströme sind maßgeblich dafür zuständig, ob Klimate trocken oder feucht sind.

Ob ein Klima oder eine Witterungsperiode dann zu trocken (arid) oder zu feucht (humid) ist, hängt wesentlich von einer Gleichung ab, die von *Benoît Paul Émile Clapeyron* (1799–1864) und *Rudolph Clausius* (1822–

1888) aufgestellt und in der Schule bei der Behandlung des Schmelz- und Siedepunktes des Wassers behandelt wurde. Sie gibt an, wieviel Wasserdampf die Atmosphäre bei einer gegebenen Temperatur aufnehmen kann. Da dieser Zusammenhang exponentiell ist, bedeutet 1 °C Temperaturerhöhung eine 7 % höhere Wasserdampfaufnahmefähigkeit der Atmosphäre. Somit kann bei steigenden Temperaturen die Atmosphäre mehr Wasserdampf aufnehmen, der dann zu verstärkten Niederschlägen führt. Andererseits kann bei warmem und windigem Wetter die Verdunstung verstärkt werden, so dass der Boden wegen der hohen Aufnahmefähigkeit der Atmosphäre für Wasserdampf austrocknen kann.

Auf einige Fragestellungen im Zusammenhang mit den Klimaelementen Lufttemperatur, Luftfeuchtigkeit, Niederschlag, Verdunstung usw. wird in den anderen Abschnitten nochmals eingegangen. Auch populärwissenschaftliche Bücher und Fachbücher können zur Vertiefung herangezogen werden [2, 10, 13-15].

DER GEGENWÄRTIGE KLIMAWANDEL

Das Klima hat sich in der Erdgeschichte schon mehrfach geändert, doch gegenwärtig erleben wir eine noch nie dagewesene Geschwindigkeit des Klimawandels. Damit endet die seit etwa 6000 Jahren andauernde recht optimale Phase für die Entwicklung der Menschheit. Der Beginn des gegenwärtigen Klimawandels lässt sich auf den Beginn der Industrialisierung um 1850 datieren. Somit wird auch die Periode 1851–1900 als Referenzperiode für die vorindustriellen Lufttemperaturen angesetzt. Für Bamberg mit Messungen ab 1879 kann man die Periode 1881–1910 verwenden, die ein Jahresmittel der Lufttemperatur von 7,2 °C hatte. Untersuchungen für Bayreuth, wo zuverlässige Messwerte bereits ab 1851 vorliegen [16], ergaben für beide Perioden nur einen Unterschied kleiner 0,05 °C. Natürlich hatten auch Bergbau und stärkere Abholzung beim Ausgang des Mittelalters ihren Beitrag, der sich in den Klimadaten aber nicht nachdrücklich widerspiegelt. Ab etwa den 1960er Jahren ist eine deutliche Temperaturzunahme zu verzeichnen, die ab den 1990er Jahren eindeutig den anthropogenen (menschlich verursachten) Treibhausgasemissionen zuzuordnen ist. Der Anstieg Ende des 20. Jahrhunderts war – wie bereits gesagt – zusätzlich verstärkt durch erhöhte Sonnenaktivität mit etwa 30% Anteil an der Erwärmung. Ab den 2000er Jahren geht die Erderwärmung unvermindert weiter und außer 2010 waren alle Jahre in Bamberg im Jahresmittel der Lufttemperatur höher als 9 °C und neun sogar 10 °C und wärmer. Das 10-Jahresmittel der Lufttemperatur 2015–2024 betrug 10,2 °C also 3,0 °C höher als das vorindustrielle Mittel. Sie gehören zu den höchsten seit Beginn kontinuierlicher Messungen in der Region.

Die bisherige Temperaturzunahme auf der Erde ist in Abbildung 3 dargestellt. Dabei ist sie über dem Land etwa doppelt so hoch wie über dem Meer. Auch sind besonders die nördlichen Breiten und hier besonders die nördlichen polaren Breiten betroffen. Auch Deutschland liegt mit einer Erwärmung von 1,64 °C (linearer Trend 1880–2020 [17], betrachtet man den Trend nur in den letzten Jahrzehnten so liegt der Wert deutlich über

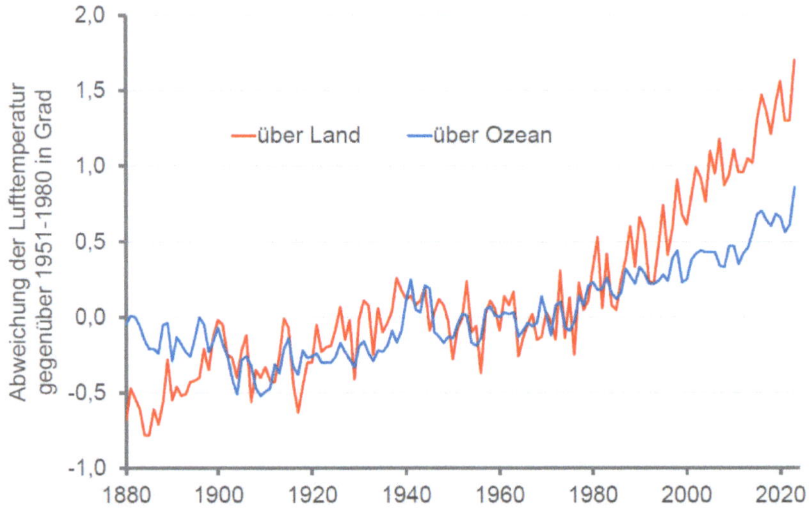

Abbildung 3 Globale Temperaturänderung in °C gegenüber dem Mittel 1950–1980. Obere Kurve: Änderung der Lufttemperatur über Land; Untere Kurve: Änderung der Lufttemperatur über dem Ozean. Daten 1880–2023: NASA (National Aeronautics and Space Administration, USA, https://data.giss.nasa.gov/gistemp/graphs/)

2 °C) in den letzten schon über dem Durchschnitt der Landflächen, ebenso Bayern mit einer Zunahme von 1,9 °C seit 1950 [18]. Ähnlich sehen die Kurven für den Meeresspiegelanstieg aus. Es ist leicht zu erkennen, dass die Kurve der Temperaturerhöhung von nahezu exponentiellem Charakter ist und keine Anzeichen für eine Abflachung oder gar Rückgang erkennbar sind.

Eine derartige Stagnation des globalen Temperaturanstiegs ist auch nicht zu erwarten, wenn man sich in Abbildung 4 die weltweite Zunahme der wichtigsten Treibhausgase ansieht. Während Methan und Lachgas sich mit Halbwertzeiten (Zeit, in der sich die Konzentration halbiert) von 12 bzw. 114 Jahren langsam wieder abbauen, akkumuliert sich das Kohlendioxid in der Erdatmosphäre weitgehend kontinuierlich, wobei allerdings mehr als die Hälfte in der Biosphäre fixiert und im Meer gelöst wer-

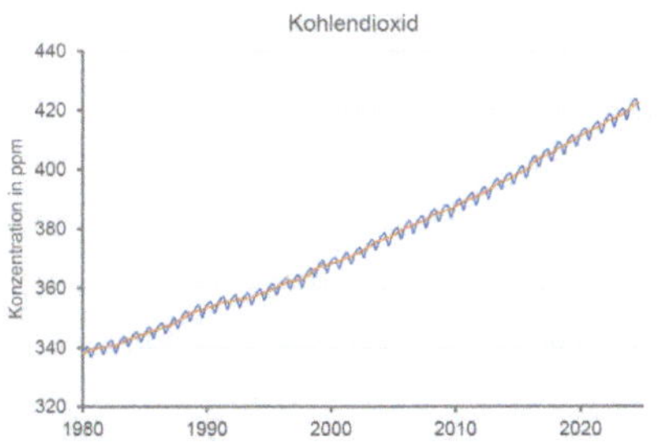

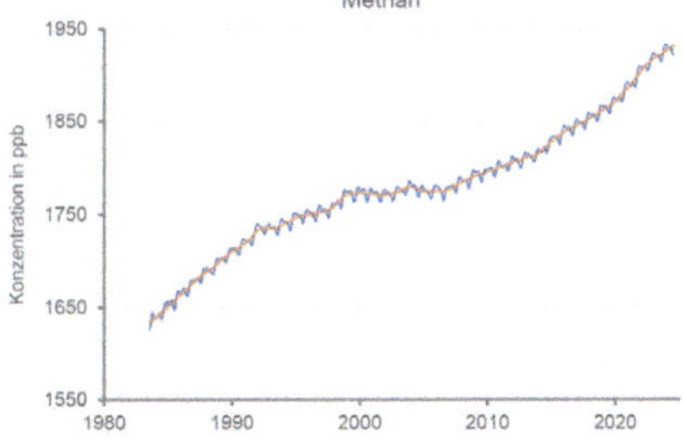

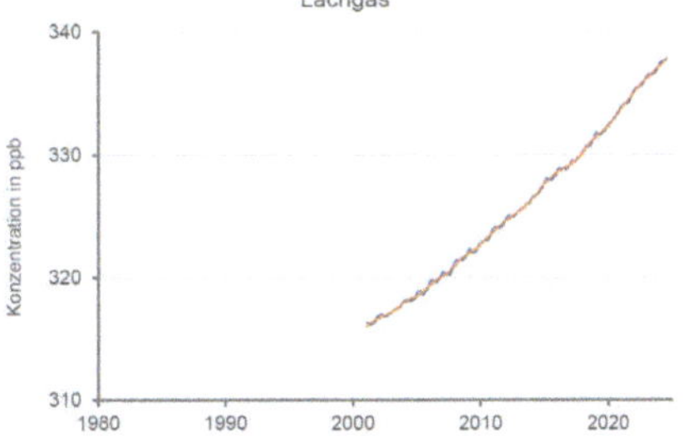

Abbildung 4 Zunahme der wichtigsten Treibhausgase in der Atmosphäre seit 1980. Konzentrationsangaben in Moleküle Treibhausgas pro 1 Millon Luftmoleküle (ppm) bzw. 1 Milliarde Luftmoleküle (ppb), blaue Kurve: Jahresgang, rote Kurve: über 5 Jahre geglättete Werte [11]. Daten 1980–2024 von NOAA (National Oceanic and Atmospheric Administration, USA, https://gml.noaa.gov/ccgg/trends/)

den. Somit kann recht genau gesagt werden, wie viel man noch Kohlendioxid weltweit emittieren darf, bis eine bestimmte mittlere Lufttemperatur der Erde erreicht ist.

Der Klimawandel zeigt sich aber nicht nur in höheren Lufttemperaturen, denn nur 1% der Energie gelangt in die Atmosphäre, aber mehr als 90 % erwärmen die Ozeane mit der Folge der Ausdehnung des Wassers. Der dadurch verursachte Meeresspiegelanstieg ist gegenwärtig in der Größenordnung des bisherigen Anstieges durch das Abschmelzen des grönländischen und antarktischen Eispanzers und betragt zusammen bereits fast 25 cm mit einem jährlichen Anstieg von 3,7 mm. Mehr Energie bedeutet aber auch ein höheres Verdunstungspotenzial bedingt durch höhere Temperaturen und durch Wind nochmals verstärkt. So kann Luft nach dem bereits genannten Gesetz von Clausius und Clapeyron bei 0 °C etwa 0,6 % Wasserdampf aufnehmen, bei 15 °C sind es bereits 1,7 % und bei 30 °C sogar 4,2%, also eine exponentielle Zunahme des möglichen Wasserdampfgehaltes in der Atmosphäre in Abhängigkeit von der Lufttemperatur. Dies geht einher mit mehr Niederschlag insbesondere bei Unwettern. Die Atmosphäre hat aber bei höheren Lufttemperaturen auch mehr Bewegungsenergie. Stürme und Hurrikans werden immer dann besonders stark, wenn die Temperaturgegensätze zwischen benachbarten Gebieten besonders groß sind. Durch den anthropogenen Treibhauseffekt ist die Energiebilanz der Erde nicht mehr ausgeglichen. Diese zusätzliche Energie beträgt gegenwärtig etwa 0,9 Joule pro Quadratmeter und Sekunde und erwärmt insbesondere die Ozeane.

Um einen Eindruck vom Ausmaß der Erwärmung zu bekommen, muss man den gegenwärtigen Temperaturanstieg der Erdmitteltemperatur von etwa 1,2 °C (mehrjähriges Mittel) gegenüber der vorindustriellen Zeit mit klimatischen Veränderungen in der Erdgeschichte vergleichen [2, 10, 19]. Die bisherige Erwärmung liegt geringfügig über der holozänen Erwärmung vor 6000 bis 8000 Jahren, die durch Änderungen der Erdbahnparameter verursacht wurde, und ist etwa in der Höhe der Temperaturen in der Eem-Warmzeit (in Süddeutschland als Riß/Würm-Interglazial bezeichnet) vor etwa 120.000 Jahren. In der Kaltzeit des Eiszeitalters war die Temperatur etwa 4 °C niedriger als in der vorindustriellen Zeit, in Deutschland aber 12–14 °C. Das heißt, die Mitteltemperaturen der Erde, die in politischen Dokumenten wie dem Pariser Klimaabkommen verwendet wird, sagt wenig aus über die Erwärmung in einzelnen Regionen, die beispielsweise in arktischen Breiten heute schon mehr als 4 °C erreicht hat. Zu Beginn der Vereisung des Nordpols vor etwa 2–3 Millionen Jahren war es aber auf der Erde nur etwa 2–3 °C wärmer als in der vorindustriellen Zeit. Das bedeutet, dass die noch vorhandenen vereisten Polkappen sich für uns temperaturreduzierend auswirken. Es macht wenig Sinn, den Vergleich auf noch weiter zurückliegende Klimaperioden durchzuführen, da in diesen Zeiträumen der Kontinentaldrift noch nicht abgeschlossen war und sich beispielsweise erst in den letzten 10 Millionen Jahren das asiatische Monsunsystem entwickelt hatte, nachdem die Hebung des Himalajas und des Hochlandes von Tibet mit der heutigen Situation vergleichbar wurde. Trotzdem ist wichtig zu wissen, dass es vor 30 Millionen Jahren, als noch keine Menschen auf der Erde existierten und die CO_2-Konzentration höher war, es etwa 4 °C wärmer war, in Deutschland 6–8 Grad. Der Meeresspiegel war aber 20–50 m höher. Wir sind also mit der Erderwärmung in den letzten 150 Jahren gar nicht so weit entfernt von Werten, wie sie vor wenigen Millionen Jahren auf unserer Erde herrschten.

Auch für die Region Bamberg ist der Klimawandel mehr als nur eine Temperaturerhöhung. Wie schon in der Einleitung gesagt, sind die Temperaturen heute auf einem Niveau, wie sie ehemals im Oberrheingraben waren. Vielmehr ist der Klimawandel mit deutlichen Umstellungen der Zirkulationen verbunden [20]. Die starke Erwärmung der Arktis durch das verstärkte Abschmelzen des arktischen Meereises und der zunehmende Wasserdampftransport in die höhere arktische Troposphäre führen zu einer Abschwächung des Temperaturunterschiedes zwischen arktischen und mittleren Breiten. Da Temperaturunterschiede und damit Druckunterschiede die Voraussetzung für Wind sind, schwächt sich das in 8–10 km Höhe gelegene Starkwindband (Jetstream) in Breiten von 50°– 60° N zunehmend ab. Damit wird die für Mitteleuropa typische Abfolge von Hoch- und Tiefdruckgebieten im Wechsel von 3–5 Tagen unterbrochen. Es bilden sich Hochdruckgebiete aus, die längere Zeit über einem Gebiet liegen und als blockierende Hochdruckgebiete bezeichnet werden, weil sie den Weg für Tiefdruckgebiete versperren, die dann um das Hochdruckgebiet ziehen müssen (Abbildung 5). Je nach Lage des Beobachtungsortes in

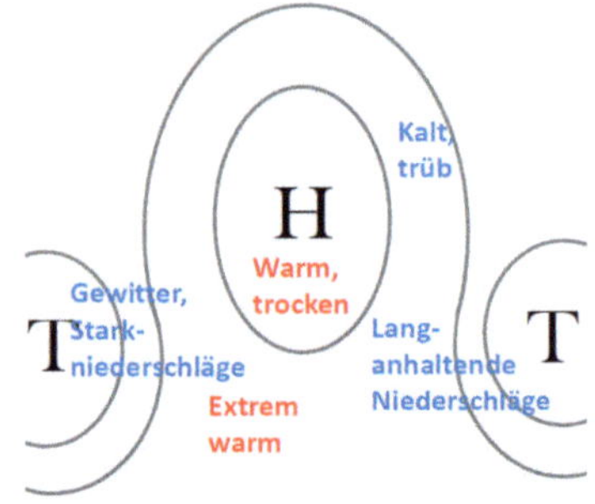

Abbildung 5 Schematische Darstellung typischer Wettererscheinungen an einem blockierenden Hochdruckgebiet

Relation zu diesem Druckgebilde entstehen typische Wettererscheinungen. Bei zentraler Lage ist es im Sommer warm und sonnig, im Winter dagegen kühl mit einer sich am Tage kaum auflösenden Hochnebeldecke, aber Sonne auf den höchsten Erhebungen von Thüringer Wald und Fichtelgebirge. Wenn das Hochdruckgebiet sich kaum bewegt, ist dies im Sommer mit Hitzeperioden und langanhaltender Trockenheit verbunden. Im südwestlichen Teil des Hochdruckgebietes, wo die Druckunterschiede durch die Nähe zum Tiefdruckgebiet schon wieder größer werden, gelangt mit einer südlichen Luftströmung sehr heiße Luft in unser Gebiet. Diese führt dann häufig feinen Staub (Aerosole) aus der Sahara mit sich, welche zu wunderschönen, den ganzen Himmel umspannenden rötlichen Dämmerungserscheinungen führen (Abbildung 6). Im Alpenraum ist diese Erscheinung auch als Blutschnee bekannt – manchmal sogar bis Bamberg beobachtbar, wenn sich der Staub auf dem Schnee ablagert oder Schnee durch eine mit Staub angereicherte Luftschicht fällt. Bei weiterer Annäherung an das Tiefdruckgebiet, wenn in der Höhe bereits kühlere Luft über die bodennahe Warmluft strömt, kommt es zu kräftigen Gewittern mit Starkniederschlägen und Hagel. Diese sind oft unwetterartig, da sich durch die Blockierung die Unwettergebiete kaum von der Stelle bewegen und in 10–60 Minuten durchaus Niederschlagsmengen von 30–50 mm und mehr bringen können – also eine Menge, die sonst nur in einem Monat fällt. Da Kanalisationen diese nicht aufnehmen können, kommt es zu lokalen Überflutungen. Aber auch die Ostflanke des Hochdruckgebietes hat typische Wettererscheinungen, wenn kühlere Luft von Norden gegen feucht-milde Luft aus Süden geführt wird. Je nach Lage des Ortes zum

Hochdruckgebiet ist es kühl und trüb oder es gibt langanhaltenden Niederschlag. Dies ist häufig eine Ursache von Hochwasser und im Winter von ergiebigen Schneefällen, in tieferen Lagen oft von sehr schwerem Nassschnee.

Viele der in unserer Region bereits eingetretenen Veränderungen durch den Klimawandel lassen sich auf diese Zirkulationsumstellungen zurückführen. Um dies im Buch näher zu untersuchen sind aber verlässliche Messdaten und die Kenntnis der lokalen Besonderheiten des Klimas notwendig, was in den folgenden beiden Kapiteln zuerst abgehandelt wird.

Abbildung 6 Purpurdämmerung durch hohen Aerosolgehalt in der Atmosphäre, Blick vom Hochgrat im Allgäu zum Bodensee bei Südströmung am 31.07.2020. Foto: Foken

WETTERBEOBACHTUNGEN IN BAMBERG

Die Geschichte der Entwicklung meteorologischer Messgeräte und der Durchführung entsprechenden Messungen ab dem Ende des 15. Jahrhunderts ist außerordentlich spannend und füllt Fachbücher, aber auch populäre Darstellungen [21, 22]. Mit der Entwicklung von Messgeräten für Temperatur, Feuchte, Luftdruck und Wind setzte auch das Interesse ein, mit diesen Geräten das Wetter zu beobachten. Es war allerdings ein langer Weg von den ersten Geräteentwicklungen bis hin zu wirklich brauchbaren Messgeräten, die zuverlässig für Messungen über längere Zeitabschnitte eingesetzt werden konnten.

METEOROLOGISCHE MESSGERÄTE UND MESSUNGEN

Die Thermometerentwicklung wird *Galileo Galilei* (1564–1641) mit ersten Versuchen an der Universität Padua zugeordnet, doch waren wirklich funktionsfähige Thermometer erst ab 1641 verfügbar, entwickelt durch die Accademia des Cimento unter Federführung des Großherzogs der Toskana *Ferdinand II. de' Medici* (1610–1670). Die heutige Thermometerskala gibt es erst seit 1750, entwickelt durch den schwedischen Astronomen *Anders Celsius* (1701–1744). Wer mehr dazu wissen will, der sollte das Deutsche Thermometermuseum in Geraberg/Thüringen besuchen, ein lohnender Tagesausflug von Bamberg. Erste Ideen für Feuchtemessungen stammen von *Leonardo da Vinci* (1452–1519), doch das heute noch übliche Haarhygrometer gab es erst seit 1781, entwickelt durch den Genfer Naturforscher *Horace Bénédict de Saussure* (1740–1799). Auch das Quecksilberbarometer zur Druckmessung wurde schon frühzeitig durch den Galilei-Schüler *Evangelista Torricelli* (1608–1647) entwickelt, ein Gerät mit der notwendigen Genauigkeit für meteorologische Messungen gibt es aber erst seit 1800 nach Verbesserungen des französischen Mechanikers *Nicholas Fortin* (1750–1831) und das heute in vielen Haushalten übliche Aneroid-Barometer ließ erst 1845 der französische Ingenieur *Lucien Vidie* (1805–1866) patentieren. Viel Zeit ist auch vergangen von den ersten Windmessungen durch den Italiener *Leon Battista Alberti* (1404–1472) bis zur Entwicklung des heute üblichen Schalensternanemometers im Jahr 1846 vom irisch-britischen Astronomen *Thomas Romney Robinson* (1792–1882), wobei das Prinzip auf den russischen Universalgelehrten *Mikhail Vasilyevich Lomonosov* (1711–1765) zurück geht.

Wenn man den Beginn meteorologischer Messungen datieren will, so ist zumindest eine erste Messreihe in unmittelbarer Nähe von Bamberg entstanden. Von 1652 bis 1658 führte *Mauritius Knauer* (1613 oder 1614–1664, Abbildung 7) im Zisterzienserkloster Langheim (von 1649 bis 1664 Abt des Klosters), im heutigen Klosterlangheim (Stadt Lichtenfels), Wetterbeobachtungen durch. Er nahm an, dass sieben Jahre ausreichten, denn man ordnete das Wettergeschehen den sieben „Planeten" der Erde zu: Saturn, Jupiter, Mars, Sonne, Venus, Merkur und Mond. Durch das Aneinanderreihen von Sieben-Jahres-Perioden sollten die Mönche in der Lage sein, das Wetter vorherzusagen. Im Jahre 1700 veröffentlichte dann der geschäftstüchtige Erfurter Arzt *Christoph von Hellwig* (1663–1721), die Aneinanderreihung der Beobachtungen als „Hundertjährigen Kalender", der noch heute verlegt wird. Allerdings ist es ein Zufallstreffer, wenn eine Vorhersage wirklich einmal stimmt und der Klimawandel hat auch wohl bekannte Klimaregelfälle, wie sie in einigen Bauernregeln zugrunde liegen, teilweise schon außer Kraft gesetzt oder zeitlich verschoben. Die Zahl Sieben spielt im Wetteraberglauben und bei Bauernregeln offensichtlich eine erhebliche Rolle. Bereits 1508 erschien die „Bauern-Praktik", ein in vielen Sprachen erschienenes und weit verbreitetes Büchlein, in dem je nach dem Wochentag, auf den der Tag von Christi Geburt fällt, eine Jahresvorhersage nebst weiteren Bauernregeln angegeben ist [23].

Wetterbeobachtungen machen nur Sinn, wenn sie an allen Orten mit vergleichbaren Instrumenten, zu gleichen Zeiten und an geeigneten Standorten durchgeführt werden. Es war der britische Universalgelehrte *Robert Hooke* (1635–1703), der nicht nur meteorologische Instrumente baute, sondern auch 1660 eine erste Anleitung zur Durchführung von Wetterbeobachtungen schrieb und dabei Regeln aufstellte und Beobachtungstabellen entwarf, wie sie heute durchaus noch üblich sind. Regelmäßige Wetterbeobachtungen begannen aber erst 100 Jahre später. Zu den ältesten Stationen gehören Basel (1761) sowie Prag und Wien (1775). Der Kur-

Abbildung 7 Mauritius Knauer (1613 oder 1614–1664). © Wikimedia Commons, das freie Medien-Repository

Abbildung 8 Karl Theodor (1724–1799), Kurfürst von Bayern. © Wikimedia Commons, das freie Medien-Repository

fürst *Karl Theodor von Bayern* (1724–1799, Abbildung 8) gründete 1763 in Mannheim die Societas Meteorologica Palatina, und der Geistliche und Meteorologe *Johann Jacob Hemmer* (1733–1790) betrieb in seinem Auftrag 36 Messstationen von 1781–1792 in Europa, Nordamerika und Grönland [24]. Aus dieser Zeit besteht noch in Deutschland die Station Hohenpeißenberg (1781) in Bayern. In der Folgezeit gab es kleinere Messnetze mit begrenzter Dauer, z. B. 1821–1832 im Herzogtum Sachsen-Weimar-Eisenach initiiert von *Johann Wolfgang von Goethe* (1749–1832). Erstmals wurden Daten vergleichbar 1826 durch *Heinrich Wilhelm Brandes* (1777–1834) in Leipzig in eine erste „Wetterkarte" gezeichnet [25].

Es dauerte aber bis zur Leipziger Meteorologen-Konferenz 1872 [26], in deren Folge international verbindliche Richtlinien erarbeitet wurden. Dies war der Anfang einer intensiven Zusammenarbeit bis hin zur Gründung internationaler Organisationen. Mit der Gründung der Vereinten Nationen nach dem 2. Weltkrieg wurde auch die Weltorganisation für Meteorologie 1951 mit Sitz in Genf gegründet. Sie erarbeitet die Richtlinien, wie meteorologische Daten gemessen, übertragen und ausgewertet werden.

Die Leipziger Konferenz war aber auch Anlass, bestehende Messstationen weiterzuführen und neue Stationen einzurichten. Nach nur zehn Jahren war in Europa und Nordamerika ein dichtes und heute noch bestehendes Messnetz entstanden, dass Dank der Telegrafie die Messungen auch international verbreitete. Wir datieren heute das Jahr 1881 als den Beginn vergleichbarer Messungen, die wir auch für eine gesicherte Rekonstruktion des Klimas verwenden können. Bamberg ist in der glücklichen Lage, seit dieser Zeit über entsprechende Messungen zu verfügen.

DIE BAMBERGER WETTERSTATIONEN

Es waren vor allem Lehrer und Astronomen an Schulen und Sternwarten, die mit Wetterbeobachtungen begannen. So verwunderte es nicht, dass dies auch in Bamberg geschah. Die ersten Beobachtungen des Wetters gibt es seit 1836 in Bamberg [4, 27] und sie betrafen die Wetterelemente Temperatur und Druck, die nach den Richtlinien der Mannheimer Societas Meteorologica Palatina durchgeführt und bearbeitet wurden. Später kamen weitere Wetterelemente hinzu. Eine Auswertung einer 40-jährigen Messreihe erfolgte 1877 durch den Physikprofessor *Dr. Theodor Hoh* (1828–1888) [27] des Königlichen Lyceum, der heutigen Universität Bamberg, wobei sich einige Unterlagen aus dieser Zeit noch im Archiv der Universität Bamberg befinden. Ab Ende 1878 sind die durch Prof. Hoh im Lyceum in der heutigen Langen Straße 37 erhobenen Daten dokumentiert. Wie damals noch üblich, erfolgten die Messungen an einem Fenster an der Nordseite des Hauses. Überliefert ist, dass die Wetterfahne auf St. Martin der Windbeobachtung diente. Die Station zog in den Folgejahren mehrfach um, z. B. 1881 in die Schützenstraße und 1884 in die Königliche Realschule Kapuzinerstraße 29, bis sie endlich 1891 auf dem Gelände der Sternwarte nach den heute noch gültigen Vorschriften eingerichtet wurde (Abbildung 9) [28]. Diese Station lieferte bis 1958 verlässliche Daten für Bamberg. Sie ist eine der wenigen deutschen Stationen, bei der es am

Abbildung 9 Wetterstation (Wetterhütte im Vordergrund) auf dem Gelände Dr.-Remeis-Sternwarte Bamberg (Nr. 284), Foto: Dr. Remeis-Sternwarte

Kriegsende 1944/45 zu keiner Unterbrechung der Beobachtungen kam. In der Kodierung der Wetterstationen hat sie die Nummer 284 und ihre Daten können beim Deutschen Wetterdienst frei zugänglich abgerufen werden (www.dwd.de), wie auch die der anderen Bamberger Stationen und der Stationen der Region.

Nach dem zweiten Weltkrieg entstanden überall in Deutschland neue Stationen, in Bayern durch den Wetterdienst in der US-Zone in Bad Kissingen, dem späteren Deutschen Wetterdienst in Offenbach. Diese Stationen hatten dann mehrere Beobachter, um Beobachtungen über 24 Stunden am Tag durchführen zu können.

Für 15 Jahre (1946–1960) gab es auch eine Klimastation auf der Altenburg mit der Nummer 283. Da diese 150 m höher als das Stadtzentrum lag, ist sie für Bamberg wenig repräsentativ, aber für lokalklimatologische Betrachtungen durchaus interessant. Sie befand sich offensichtlich in der Nordostecke der Burganlage und die Beobachter nutzten die „Hoffmannsklause" als Stationszimmer (Abbildung 10).

Die gegenwärtig offizielle Klimastation von Bamberg mit der amtlichen Nummer 282 gibt es seit 1949. Sie befand sich zuerst im Westen der Innenstadt „Auf der Weide 28" und wurde 1952 in den Süden der Stadt auf das Versuchsgelände der Staatlichen Obst- und Gartenbaustelle Bamberg, Galgenfuhr 75, verlegt. Im Jahr 1960 wurde sie nochmals 200 m südlicher an das ehemalige Bundessortenamt (Galgenfuhr 95, heute Am Sendelbach 15) verlegt (Abbildung 11), wobei 1995 eine weitere Verle-

Abbildung 10: Plateau der Altenburg mit Hoffmannsklause und Blick Richtung Nordostecke, an der sich die Station Altenburg (Nr. 283) befand. Foto: Foken

Abbildung 11 Station Bamberg (Nr. 282) von 1960 bis 1995. Foto: Bundessortenamt

Abbildung 12 Station Bamberg (Nr. 282) von 1995 bis 2008. Foto: Bundessortenamt

Abbildung 13 Station Bamberg (Nr. 282) ab 2008. Foto: Foken (2020)

Abbildung 14 Messcontainer des Bayerischen Landesamtes für Umwelt an der Löwenbrücke. Foto: Foken (2021)

gung im Gelände des Bundessortenamtes (Abbildung 12) erfolgte. Beide Standorte erwiesen sich als nicht optimal, sodass mit dem Übergang zum automatischen Betrieb am 26.11.2008 eine nochmalige Verlegung in rein landwirtschaftlich genutztes Gebiet östlich des Kleingartenvereins Sendelbach e. V. erfolgte (Abbildung 13). Der Standort ist nach den Richtlinien der Weltorganisation für Meteorologie ideal. Lediglich die Windmessungen sind durch die nahe Pappelplantage etwas beeinträchtigt. Allerdings spiegeln die Daten das Bamberger Klima nicht exakt wider, denn die Temperaturen in einem Stadtgebiet sind meist 1–3 °C höher als im ländlichen Raum. Zum Vergleich kann aber die Messstelle des Bayerischen Landesamtes für Umwelt für Luftschadstoffe an der Löwenbrücke

Tabelle 2 Bamberger Klimastationen seit 1879. Daten: Deutscher Wetterdienst und [29]

Station	*Datum*	*Höhe über NHN*	*Lage*
Bamberg (Nr. 282)	01.01.1949 – 21.01.1952	236 m	Westlich der Innenstadt
	22.01.1952 – 25.11.2008	239 m	Mehrere Standorte in der Südflur
	ab 26.11.2008	240 m	Östlich Kleingartenverein Sendelbach e. V.
Bamberg-Altenburg (Nr. 283)	24.11.1946 – 31.05.1960	382 m	Nordostecke Burgplateau
Bamberg-Sternwarte (Nr. 284)	01.11.1878 – 31.12.1890	235 m	Verschiedene Standorte in der Innenstadt
	01.01.1891 – 31.03.1959	282 m	Zwischen Haupthaus und Refraktor, teilweise im Gelände verlegt
Lufthygienische Messstelle des Bayerischen Landesamtes für Umwelt	ab 01.01.1978	238 m	Löwenbrücke (Löwenstraße Ecke Margarethendamm)

(Abbildung 14) herangezogen werden, auch wenn die Lufttemperatur nicht exakt in 2 m Höhe gemessen wird.

Zur Übersicht sind die Angaben zu den Bamberger Beobachtungsstationen nochmals in Tabelle 2 zusammengefasst. Weitere Details und die Gerätebestückung sind in [29] angegeben. Da moderne Messgeräte automatischer Wetterstationen nicht mehr so aussehen, wie man sie von früher kennt, wie die klassische Wetterhütte, sind in Abbildung 15 nochmals für die Wetterstation Bamberg die Geräte gekennzeichnet.

Neben diesen Messstationen, die nach internationalen Richtlinien aufgebaut sind und ausgewertet werden [30] gibt es im Bamberger Stadtgebiet fast 100 private Wetterstationen. Auch wenn die Aufstellung der Sensoren

Abbildung 15 Instrumentierung der Bamberger Klimastation Nr. 282: 1: Sicht-weitenmessgerät, 2: Niederschlagsmesser, 3: Elektrisch belüftete Wetterhütte mit Temperatur- und Feuchtesensor (2 m Höhe), 4: Strahlungs- und Sonnenschein-dauermessgerät, 5: Windrichtung und Windgeschwindigkeit (10 m Höhe), 6: Ult-raschall-Schneehöhenmesser, 7: Laser-Wolkenhöhenmesser, 8: Minimumther-mometer in Bodennähe (5 cm Höhe), 9: Zuleitung zu Bodenthermometern. Foto: Foken

nicht immer optimal ist, stellen Sie eine wertvolle Ergänzung der Messun-gen dar und ermöglichen eine hohe räumliche Auflösung der Messwerte. Allerdings ist eine umfassende Qualitätskontrolle der Daten notwendig und nicht alle Stationen sind zu jeder Zeit nutzbar. Das Verfahren, um aus massenhaft vorhandenen Daten mit aufwendigen statistischen Verfahren verwertbare Klimainformationen zu bekommen, wird als Crowdsourcing bezeichnet [31, 32].

Abbildung 16 zeigt beispielhaft eine kleine private Wetterstation mit einem Temperatursensor, der durch eine Hütte vor direkter Sonnenein-strahlung geschützt ist. Sie sollte in etwa 2 m Höhe über Grund angebracht sein. Hat man eine größere, aber windgeschützte Wiese kann man auch

Abbildung 16 Kleine Wetterstation mit Temperatursensor und Strahlungsschutzhütte. Foto: Foken

Abbildung 17 Niederschlagsmesser einer kleinen Wetterstation. Foto: Foken

noch einen Niederschlagsmesser in 1 m Höhe über Grund aufstellen (Abbildung 17). Messungen der Windgeschwindigkeit und Windrichtung (möglichst in 10 m Höhe) machen in eng bebauten Gebieten oft keinen Sinn, da sie lokal zu stark beeinflusst werden. Einige Anbieter privater Wetterstationen ermöglichen einen Zugang der Station zum Internet, so dass die Daten dann einem größeren Interessentenkreis zu Verfügung stehen.

BEARBEITUNG DER BAMBERGER KLIMAREIHE

Es ist zwar sehr schön, dass es seit 1836 Wetterbeobachtungen in Bamberg gibt, doch wurden die Messungen an verschiedenen Standorten in der Stadt und sogar in verschiedenen Höhen über dem Meeresspiegel durchgeführt, ganz zu schweigen von den verschiedenen Messgeräten. Damit wird es schwierig, eine geschlossene Klimareihe für Bamberg zu erstellen und Abschätzungen über Klima und Klimawandel in wissenschaftlich gesicherter Form zu machen. Für die Zeit von 1836 bis 1878 liegen leider nur bearbeitete Daten vor [27], so dass diese Daten nur bedingt verwendet werden können.

Dennoch ist es möglich, zumindest aus den Messreihen Bamberg-Sternwarte und Bamberg (Südflur) eine einheitliche Messreihe zu erstellen. Da der Höhenunterschied beider Standorte etwa 50 m beträgt und die Temperatur um 0,6 °C pro 100 m Höhe abnimmt, sind die Temperaturen an der Sternwarte im Mittel um 0,3 °C niedriger. Die vielen Stationsverlagerungen erlauben es dennoch nicht, die Messreihen unter Berücksichtigung dieser Korrektur einfach zu vereinen. Es wurden aber international getestete statistische Verfahren entwickelt, die es gestatten, Zeiträume mit markanten Abweichungen zu anderen Stationen zu detektieren [33]. Das Verfahren wird als Homogenisierung bezeichnet, die der Deutsche Wetterdienst bislang leider nur für wenige Stationen in Deutschland durchgeführt hat, so dass sie für Bamberg durchgeführt werden musste [29]. Sehr hilfreich war dabei, dass für Bayreuth bereits eine homogenisierte Messreihe vorlag [16]. Zur weiteren Absicherung wurden zusätzliche Stationen für unterschiedliche Zeiträume hinzugezogen, wie Frankfurt am Main, Jena, Nürnberg, Regensburg, Ebrach und Möhrendorf. Damit konnten sicher Unstetigkeiten in der Bamberger Messreihe festgestellt werden und es konnten bestimmte Zeitabschnitte durch den Vergleich mit anderen Stationen korrigiert werden. Während beim Niederschlag keine nachweisbaren Probleme auftraten, bedurften die Temperaturdaten doch einer Reihe von Korrekturen. Es wurden bei den Bamberger Lufttemperaturmessungen vor allem folgende Probleme detektiert:

- Die Messungen von 1878–1890 weichen im Vergleich mit anderen Stationen kaum ab (gleiche Differenzen), doch streuen sie etwas stärker, besonders 1878–1881.
- Die Messungen an der Bamberger Sternwarte sind ab 1891 sehr homogen, im Gegensatz zu anderen Stationen auch während der beiden Weltkriege.

- Die Messungen auf der Altenburg weisen keine Probleme auf, sind jedoch mit dem Bamberger Stadtgebiet nicht vergleichbar.
- Die Messungen der Station Bamberg sind vor der Verlagerung in die Südflur bis 21.01.1952 nicht verwertbar. Aber auch in der Südflur gibt es durch Verlagerungen einige Sprünge am 01.06.1960 (s. Abbildung 11 für neuen Standort) und 09.03.1995 (s. Abbildung 12 für neuen Standort)
- Mit der Verlagerung am 26.11.2008 (s. Abbildung 13) in rein landwirtschaftlich genutztes Gebiet im Süden der Stadt und den automatischen Betrieb trat eine deutliche Veränderung ein.

Der neue Standort im Süden der Stadt erwies sich um etwa 0,5 °C kühler. Durch die Ventilation der Wetterhütte wurde weiterhin der sogenannte Strahlungsfehler, der bei unbelüfteten Hütten auftritt und zu Abweichungen zeitweise bis zu 1 °C führt [21], behoben. Damit hat Bamberg nun einen Standort, der nach den Kriterien der Weltorganisation für Meteorologie eine ausgezeichnete Datenqualität liefert. Wermutstropfen bleibt aber, dass die Temperaturen in der Stadt etwas höher sind, für die es keine Station mit vergleichbarer Datenqualität gibt.

Bei der Erstellung der homogenisierten Bamberger Klimareihe [29] wurden alle Messungen auf den neuen Standort ab 2008 bezogen, was zur Folge hat, dass die neue Messreihe je nach Zeitraum um einige Zehntelgrade kühler ist als die Originalmessungen. Für Klimatrends ist dies unerheblich, da alle Werte ab 1879 auf diese Station korrigiert wurden. Für alle nachfolgenden Betrachtungen wird ausschließlich – wenn nicht anders vermerkt – diese homogenisierte Klimareihe verwendet. Einige wichtige Daten sind im Anhang angegeben.

Aus diesen Werten wird das sogenannte empirische Klima bestimmt, welches aus gemessenen qualitätsgeprüften Daten ermittelt wird [2] und sich auf 30-jährige Klimaperioden bezieht. Man kann aber für jeden Ort im Landkreis und sogar alle Bamberger Stadtteile Klimadiagramme im Internet abrufen, häufig für deutlich kürzere Zeiträume, obwohl von diesen Orten keinerlei Messwerte vorliegen. Dies ist sogenanntes theoretisch ermitteltes Klima, welches durch Modellrechnungen für Gitter unterschiedlicher Größe, z. B. 2 x 2 km berechnet wird. Alle Orte, die in einem solchen Gitter liegen, bekommen dann die gleichen Werte zugeordnet. Die

Modellrechnungen basieren auf den unregelmäßig räumlich verteilten Messungen und physikalischen Annahmen über die räumliche Veränderung. Die Modelle sind in der Regel Wettervorhersagemodelle, die für die Analyse des Wetters zu einem bestimmten Zeitpunkt auf Grund der zu diesem Zeitpunkt durchgeführten Messungen verwendet werden. Auf diese Weise werden beispielsweise auch globale Mitteltemperaturen errechnet, da es viele Gebiete der Erde gibt, aus denen keine Messungen vorliegen. Die Anwendung dieser sogenannten Re-Analyse-Daten bedarf besonderer Vorsicht, um Modellfehler auszuschließen. Bei der Bestimmung globaler Temperaturdaten werden immer verschiedene Modelle parallel eingesetzt, um mögliche Fehler abschätzen zu können. Diese liegen heute allerdings nur noch im Bereich des Fehlers der Messungen.

DAS BAMBERGER KLIMA

In Deutschland verfügt fast jede Stadt über Klimagutachten. Diese sind vom Gesetzgeber vorgeschrieben für Baumaßnahmen und größere Änderungen bei der Flächennutzung. Das Bamberger Klimagutachten wurde kürzlich erst aktualisiert [34]. Demgegenüber fehlen aber Studien und vor allem Bücher über das Klima einer Stadt, schon eingetretene Klimaänderungen und ein Blick in die Zukunft. Einige wenige relativ umfangreiche Arbeiten existieren für Berlin [35], Hamburg [36], Essen [37] sowie für Deutschland [17]. Im vorliegenden Buch wird versucht, dies in bescheidenerem Maße für Bamberg zu tun.

DIE LAGE BAMBERGS UND SEIN KLIMA

Bamberg liegt in einem weiten Talkessel der Regnitz in nahezu Nord-Süd-Ausrichtung, der nach Norden seine Fortsetzung in das Maintal findet. Westlich wird der Bamberger Talkessel durch den Steigerwald und östlich in etwa 10 km Entfernung durch den Fränkischen Jura begrenzt. Durch den Steigerwald ist Bamberg bei den vorwiegend westlichen Winden in unserer Gegend windgeschützt, was dazu führt, dass der Luftaustausch im Talkessel vermindert ist. Somit zählt Bamberg zu den wärmsten Städten Bayerns und ist auch relativ hoch schadstoffbelastet. Andererseits treten in windstillen klaren Nächten in den Fluren nördlich und südlich des Stadtgebietes immer wieder sehr tiefe Temperaturen auf, merklich tiefer als im restlichen westlichen Oberfranken.

Für die Klimanormalperiode 1961–1990 ist in Abbildung 18 das Klimadiagramm dargestellt. Es ist aber eher für die südliche Umgebung der Stadt und nicht für das Stadtgebiet charakteristisch. Das Jahresmittel der Lufttemperatur liegt dabei bei 8,0 °C und die Jahressumme des Niederschlages beträgt 634 mm für diese Periode. Nach der Klassifikation nach Köppen und Geiger [6] in der aktuell gültigen Fassung [38] hat Bamberg ein warm-temperiertes, ganzjährig feuchtes Klima (mittlere Temperatur des kältesten Monats zwischen –3 °C und 18 °C) mit warmen Som-

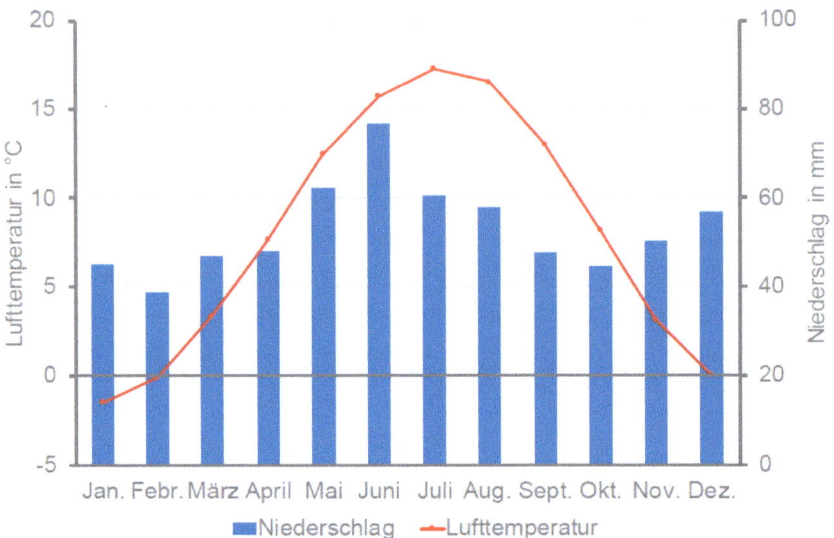

Abbildung 18 Klimadiagramm von Bamberg für den offiziellen Referenzzeitraum 1961–1990. Gezeigt sind die Monatsmittel der Lufttemperatur und die mittleren Monatssummen des Niederschlages in mm (Liter pro Quadratmeter) der homogenisierten Klimareihe für Bamberg (Südflur). Daten: Deutscher Wetterdienst und [29]

mern (mindestens 4 Monate mit mittlerer Temperatur über oder gleich 10 °C), welches die Klassifikationsbuchstaben *Cfb* bekommen hat. Dieser Klimatyp ist eher maritim geprägt. Die Grenze zum kontinentaleren Klima lag im Klimazeitraum 1961–1990 bereits im Fichtelgebirge, gegenwärtig nur noch auf den höchsten Erhebungen Ochsenkopf und Schneeberg. Kennzeichnend dafür ist eine Temperatur des kältesten Monats unter – 3 °C. Dies wird als Schneeklima bezeichnet, allerdings mit warmem Sommer (*Dfb*).

Leider gibt es zu wenige Klimastationen, um die Besonderheiten des Bamberger Klimas deutlich sichtbar zu machen. Viel besser geschieht dies durch sogenannte phänologische Daten. Dies sind Beobachtungswerte der Pflanzenentwicklung, wie z.B. der Tag im Jahr mit der ersten Blüte des Huflattichs im Frühjahr für den Beginn der Vegetationsperiode und der Laubfall der Eiche im Herbst für das Ende der Vegetationsperiode.

Phänologische Beobachtungen für Bamberg gibt es nur sporadisch, so dass keine Auswertung erfolgen kann.

Für Oberfranken gibt es aber eine besondere Klimatologie. Herr *Dr. Dietmar Reichel* hat vor 45 Jahren eine sogenannte Wuchsklimatologie [39] basierend auf ähnlichen Arbeiten in Südwestdeutschland entwickelt [40]. Es ist zwar inzwischen deutlich wärmer geworden, doch die Gebietseinteilung hat sich kaum geändert. Abbildung 19 zeigt den Ausschnitt für Bamberg und Umgebung. Leider erfolgte die Bestimmung der Klassen sehr empirisch und ist in dieser Form nicht weiterverfolgt worden, doch es zeigen sich deutliche lokalklimatologische Unterschiede im Bamberger Raum. Am wärmsten sind die Hänge mit Weinanbau bei Unterhaid gefolgt vom Regnitztal von Forchheim bis Bamberg mit Fortsetzung ins Maintal. Der Übergang zum kühleren Klima im Steigerwald geht allmählich, zum Fränkischen Jura aber an der Albtrauf sehr abrupt.

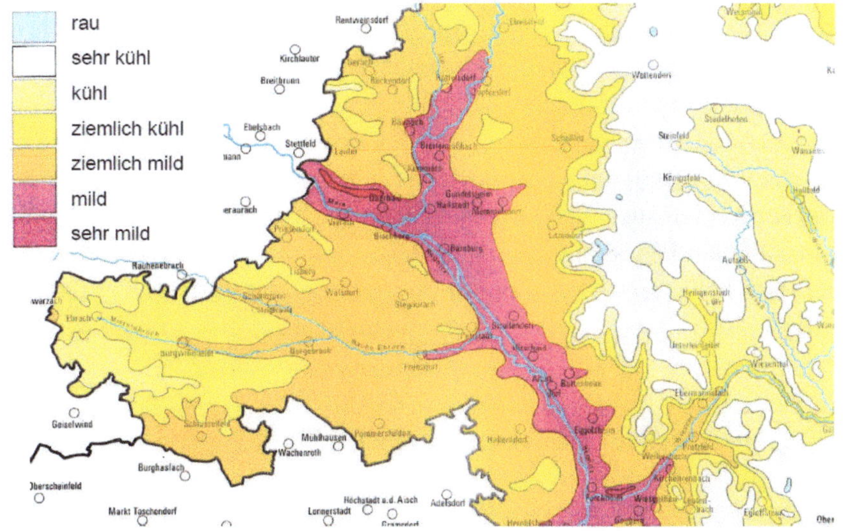

Abbildung 19 Wuchsklimatologie für den Raum Bamberg von Dr. Dietmar Reichel (1979) [39].Wegen der Klimaerwärmung sind die Gebietsbezeichnungen in ihrer ursprünglichen Definition nicht mehr gültig. © Akademie für Naturschutz und Landschaftspflege, Laufen

THEORETISCHES KLIMA FÜR DEN LANDKREIS BAMBERG

Im Zusammenhang mit der Erstellung des Klimaanpassungskonzeptes für die Stadt- und den Landkreis Bamberg [41] wurde das Klima durch ein theoretisches Klima von Bamberg beschrieben. Dabei handelt es sich, wie bereits ausgeführt (siehe S. 33), um eine Modellanalyse des Klimas, welches auf Rasterelemente von 1 km x 1 km Größe abgebildet wird. Die Modelldaten werden für deutlich größere Gebiete erstellt und dann unter Einbeziehung des Höhenprofils und der Landnutzung (bebaut und versiegelt, Felder, Wälder) für die kleinen Rasterelemente angepasst, wobei man immer auch die Umgebung des Rasterelementes bei der Analyse mitberücksichtigen sollte. Der nach dieser Analyse für den Zeitraum 1971–2000 für Bamberg angegebene Mittelwert der Lufttemperatur von 8,7 °C (Landkreis 8,3 °C) ist fast identisch mit dem aus den Messdaten der Station Bamberg (Nummer 282) bestimmten Wert von 8,9 °C (homogenisierte Bamberger Messreihe 8,4 °C). Auf die Kartendarstellung wird hier verzichtet, da sie sich nicht vom Höhenprofil unterscheidet, denn die Lufttemperatur nimmt pro 100 m Höhenunterschied 0,6 °C ab. Die so konstruierte Karte lässt viele lokale Besonderheiten vermissen. In Abbildung 19 wird die Flussniederung deutlich besser abgebildet. Im Klimaanpassungskonzept werden auch Gebietsmittel für extreme Temperaturen angegeben. Durch die starken Höhenunterschiede im Landkreis werden dadurch für die Stadt heiße und kalte Tage in ihrer Häufigkeit unterschätzt (siehe S. 110).

BESCHREIBUNG DES LOKLEN KLIMAS

Zur Beschreibung des lokalen Klimas eines Gebietes erstellt u. a. der Deutsche Wetterdienst Klimagutachten, die auf entsprechenden Richtlinien auf der Grundlage des Bundesimmissionsschutzgesetzes beruhen [42]. Da die größten Unterschiede der Lufttemperatur unter wolkenarmen, schwachwindigen Bedingungen auftreten, werden die Entstehung von Kaltluft und die Strömungsverhältnisse mit entsprechenden Modellen unter diesen Bedingungen modelliert. Dies kann durch kurzzeitige Messungen oder Messfahrten mit instrumentierten Fahrzeugen unterstützt werden. Für Bamberg liegen derartige Messungen nicht vor. Allerdings existiert ein aktuelles Klimagutachten [34], dessen Ergebnisse nachfolgend dargestellt werden:

Man beginnt eine derartige Modellierung kurz nach Sonnenuntergang für einen wie oben beschriebenen Tag. Gezeigt wird die Dicke der mit Kaltluft aufgefüllten Schicht und die durch die Bewegung der Kaltluft vorhandenen Strömungsverhältnisse. Zwanzig Minuten nach Beginn der Modellierung hat sich im Innenstadtbereich (Abbildung 20) noch keine Kaltluft gebildet und es ist auch noch keine Kaltluft eingeflossen. Gleiches trifft auch für die Ortskerne der Gemeinden des Umlandes zu. Erste schwache Kaltluftabflüsse mit etwa 0,5 m/s sieht man aber schon vom Kreuzberg bei Hallstadt-Dörfleins, vom Michaelsberger Wald in Richtung Waldwiese und Gaustadt und von der Altenburg. Die landwirtschaftlichen Flächen des Umlandes kühlen sich schneller ab als die Waldgebiete. Am kühlsten sind das Maintal nördlich von Bamberg und die Täler der Aurach, Rauen Ebrach sowie der Regnitz südlich von Bamberg, also gerade das Gebiet, wo sich jetzt die Wetterstation Bamberg befindet. Derartige Modellierungen liegen etwa im stündlichen Abstand vor. Es dauert etwa vier Stunden, bis Kaltluft auch bis in den innerstädtischen Bereich vordringt. Das Stadtgebiet von Bamberg ist also in den Abendstunden noch deutlich wärmer als das Umland.

Kurz vor Sonnenaufgang (Abbildung 21) hat sich dann der Bamberger Talkessel mit Kaltluft gefüllt bis etwa 50 m Höhe, im Gebiet des Zusammenflusses von Main und Regnitz sogar bis 100 m wie auch im Süden der Stadt. Dies sind auch die Gebiete, in denen sich morgens bevorzugt Nebel ausbildet. Die aus den Talern der Aurach und Rauen Ebrach ausfliesende Kaltluft vereinigt sich mit der des Regnitztales und erreicht von Süden das Stadtgebiet. Das ist auch der markanteste Zustrom von kühlender Luft Richtung Innenstadt. Markante Kaltluftabflusse nach Bamberg gibt es außerdem, wie schon kurz nach Sonnenuntergang, im Westen der Stadt vom Michaelsberger Wald bis zum Bruderwald. Auffällig ist, dass der Hauptsmoorwald nur einen ganz lokalen Einfluss auf den Bamberger Osten hat. Vielleicht gut so, denn somit werden die Schadstoffe von der Autobahn nicht nach Bamberg geführt. Auch aus Norden fliest keine Kaltluft nach Bamberg. Das liegt an der dominierenden Südströmung bei derartigen Wetterlagen, aber auch an der Barriere durch das Industriegebiet Bamberg/Hallstadt Hafen.

Das aktuelle Klimagutachten der Stadt Bamberg [34] wurde erstellt, um den Einfluss eines möglichen Gewerbegebietes im sogenannten MUNA-

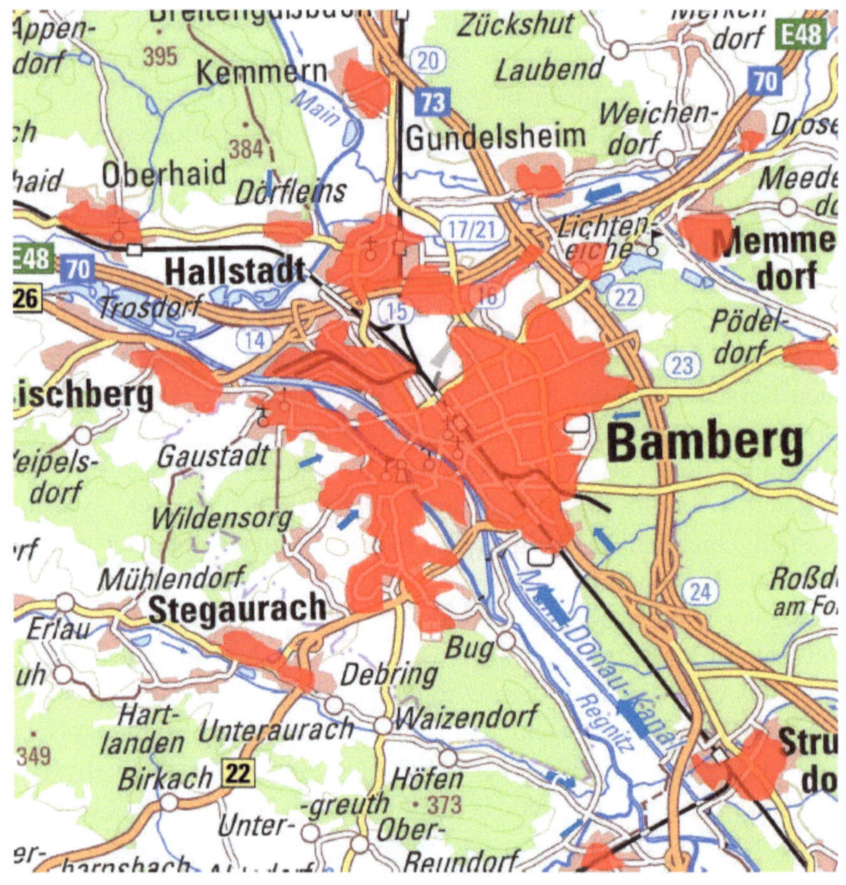

Abbildung 20 Schematische Darstellung der Kaltluftentstehung etwa 20 Minuten nach Sonnenuntergang in einer wolkenlosen windschwachen Nacht auf der Grundlage einer Modellstudie der Stadt Bamberg und des Deutschen Wetterdienstes [34]. Dargestellt sind überhitzte Gebiete (rot) und beginnende Kaltluftflüsse (blaue Pfeile). Kartengrundlage © GeoBasis-DE / BKG (2020)

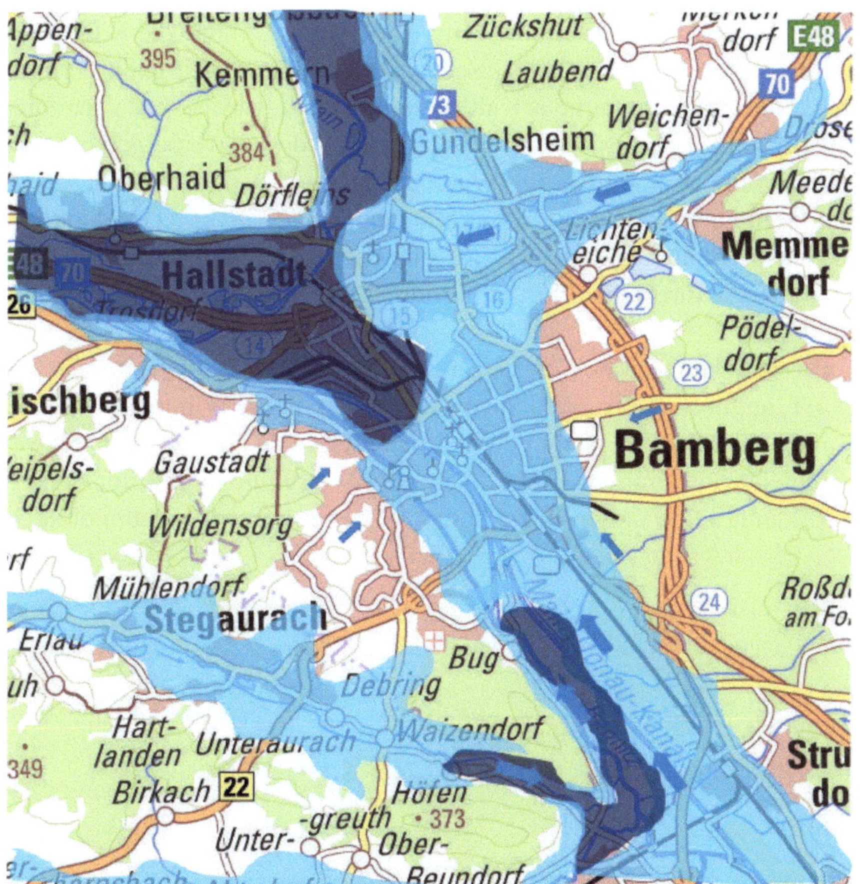

Abbildung 21 Schematische Darstellung der Kaltluftentstehung etwa 7 Stunden nach Sonnenuntergang in einer wolkenlosen windschwachen Nacht auf der Grundlage einer Modellstudie der Stadt Bamberg und des Deutschen Wetterdienstes [34]. Dargestellt sind in Hellblau Schichtdicken der Kaltluft von 40–60 m und in Dunkelblau Schichtdicken von 60–100m und die Kaltluftflüsse (blaue Pfeile). Kartengrundlage © GeoBasis-DE / BKG (2020)

Gelände südlich der Geißfelder Straße und im Hauptsmoorwald auf das Bamberger Lokalklima zu untersuchen. Es konnte dabei durch Modellierungen mit und ohne Gewerbegebiet festgestellt werde, dass im Gebiet zwischen Bahnhof und Gartenstadt, welches zu den wärmsten der Stadt wegen der größeren Distanz zu den Wasserläufen gehört, die Kaltluftzufuhr etwa eine Stunde später einsetzt und auch die Mächtigkeit geringer ist. Rechnet man dies auf das Kaltluftvolumen um, welches die genannten Gebiete erhalten, so würde sich nach dem Bau des Gewerbe-gebietes das Kaltluftvolumen um etwa ein Drittel reduzieren. Daraus folgt, dass sich die Erweiterung der Stadt Richtung Süden nachteilig auf das Lokalklima der Innenstadt auswirkt, insbesondere in den Gebieten östlich der Bahnlinie, die keine direkte Kaltluftzufuhr durch die beiden Regnitzarme erhalten.

Durch die mehrfache Verlagerung der Bamberger Wetterstationen und die z.T. ungünstigen Aufstellungsbedingungen für die Windmessungen ist es nicht einfach, eine saubere Windklimatologie zu erhalten. Das Klimagutachten von Bamberg [34] enthält eine Windklimatologie für 6 Jahre (Abbildung 22). Für den Wind liefert ein derart kurzer Zeitraum einiger-

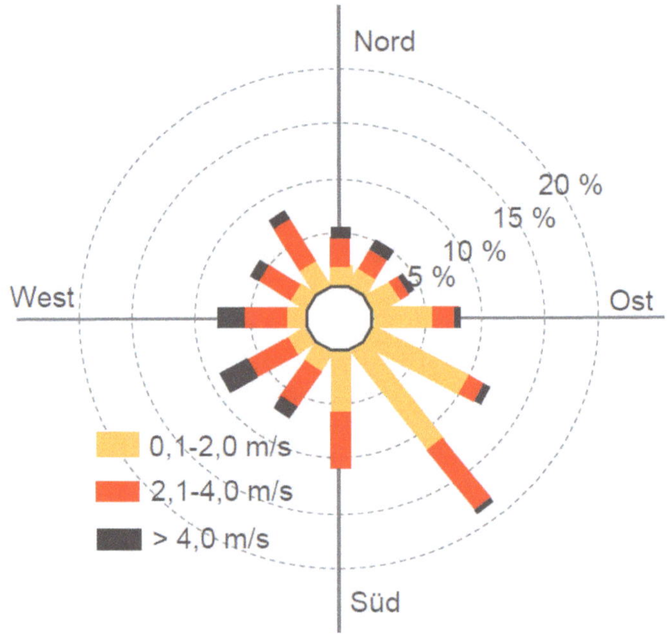

Abbildung 22 Stärkenwindrose von Bamberg 2011 bis 2016. Daten: Deutscher Wetterdienst und [34]

maßen repräsentative Werte. Auffällig ist der recht hohe Anteil von etwa 30 % aus südöstlichen Richtungen bei vorwiegend schwachen Winden. Eine 20-jährige Auswertung an der Station nach Abbildung 11 zeigt eine ähnliche Verteilung, allerdings dominiert hier die südliche Richtung. Diese geringe Richtungsverschiebung kann eindeutig den Messbedingungen an den Stationen zugeordnet werden. Nordöstliche Winde kommen in Bamberg recht selten vor. Höhere Windgeschwindigkeiten sind vor allem von Südwest bis Nordwest anzutreffen. Die für Deutschland dominierende Windrichtung Südwest ist in Bamberg eher unterrepräsentiert. Dies erklärt sich durch die Lage von Bamberg im Osten des Steigerwaldes, wobei für die Bamberger Wetterstationen vor allem der Bruderwald abschirmende Wirkung hat und das Windfeld entlang des Regnitztales kanalisiert ist.

Zusammenfassend kann gesagt werden, dass für das Bamberger Klima die Frischluftzufuhr von Westen, insbesondere über die Waldwiese nach Gaustadt und von der Altenburg, die kühlende Wirkung der beiden Regnitzarme und die Zufuhr kühlerer Luft aus südlichen Richtungen von Bedeutung ist. Das Maintal und das Gärtnergebiet im Norden sowie der Hauptsmoorwald im Osten haben nur einen Einfluss auf die unmittelbar angrenzenden Teile der Stadt. Aber auch die Kaltluftzufuhr von Westen beeinflusst nur westliche Stadtteile. Das Berggebiet mit der teilweise engen Bebauung (Kaulberg) wird umströmt oder die Luft sammelt sich bereits dort (Panzerleite) und gelangt nicht bis zur Innenstadt. Stadtplanerische Konsequenzen sind, dass die Kaltluftbahnen im Westen der Stadt nicht verbaut werden dürfen und auch bezüglich des ungehinderten Durchflusses einer gewissen Pflege bedürfen. Im Süden Bambergs sollte eine Bebauung nur sehr zurückhaltend erfolgen und immer auf mögliche Auswirkungen für innerstädtische Bereiche untersucht werden. Die kühlende Wirkung der beiden Regnitzarme und des Hains ist für das Bamberger Lokalklima von besonderer Bedeutung. Allerdings ist die angrenzende Bebauung insbesondere in der Inselstadt (unmittelbare Innenstadt) so eng, dass die kühlende Wirkung nur in flussnahen Gebieten deutlich merkbar ist.

LOKALE KLIMATE IN BAMBERG UND UMGEBUNG

Die in Bamberg anzutreffenden speziellen lokalen Klimate wurden im Jahr 2012 im Rahmen eines Klimawanderweges auf der Landesgartenschau erklärt [43]. Mit diesem Material kann man sich auch heute noch auf der ERBA-Insel und im nahen Gaustadt typische Stadtorte lokalen Klimas ansehen. Der Wanderweg ist inzwischen im Ökologisch-Botanischen Garten der Universität Bayreuth eingerichtet und es gibt dazu auch eine entsprechende Broschüre [44]. Aus beiden Materialien werden nachfolgend typische lokale Klimate mit Bamberger Bezug dargestellt. Daneben gibt es eine Reihe Fachbücher, in denen Entstehung und Wirkung lokaler Klimate wissenschaftlich umfassend erklärt sind [13, 45-49].

Es gibt aber eine Neubelebung für Bamberg und Umgebung. Im Rahmen des Projektes MitMachKlima der Stadt Bamberg stehen ab Frühjahr 2025 Messgeräte und eine Broschüre zur Verfügung, um lokale Klimate selbst erleben und erforschen zu können [50].

Wie empfindet man lokale Klimate

Lokale Klimate können positive und negative auf das menschliche Befinden haben, je nachdem ob man kühlere oder wärmere Orte bevorzugt. Um zu verstehen, welche Wirkung von einem bestimmten Lokalklima ausgeht, muss man sich erst einmal verdeutlichen, wie die Energiebilanz des Menschen im Verhältnis mit seiner Umwelt aussieht, da mehrere Effekte hier zusammenwirken.

Wir empfinden die sommerliche Hitze in der Stadt in ganz unterschiedlicher Weise. Die Lufttemperatur ist dabei nur ein Faktor. Den wohl dramatischsten Effekt erlebt man in einer sonnenüberfluteten Straße oder einem Platz, wobei der Bamberger Maxplatz das absolute Negativbeispiel ist. Wenn unser Körper direkt der Sonnenstrahlung ausgesetzt ist, absorbiert die Haut die energiereiche Strahlung, die man als kurzwellige solare Strahlung bezeichnet (Wellenlängen 0,3 bis 3 µm, Abbildung 2), und erwärmt sich stark. Im Frühjahr und Herbst ist das noch ganz angenehm, doch im Sommer sucht man lieber schattige Stellen auf. Dieser Effekt kann bei fehlendem Wind besonders stark sein. So kann man bei Windstille im Winter auch noch bei Minustemperaturen im Gebirge, wo die Sonnenstrahlung besonders energiereich ist, leichtbekleidet bis zum Einsetzen des Sonnenbrandes im Liegestuhl liegen. In Städten schützen Schatten spendende Bäume aber auch diverse Formen von Sonnensegeln vor der Sonnenstrahlung. In der Wüste bekleiden sich die Bewohner durch luftige, aber den ganzen Körper bedeckende Bekleidung, bei uns nutzen oft Frauen mit langen und weiten Sommerkleidern diese effektive Anpassung. Dabei ist die Lufttemperatur im Schatten und in der Sonne (wenn man das Thermometer nicht direkt der Sonne aussetzt) weitgehend identisch.

Ein weiterer Effekt tritt in dicht bebauten, insbesondere städtischen Gebieten, auf. Wenn sich das Mauerwerk so stark durch die Sonneneinstrahlung aufgewärmt hat, dass es wärmer als die eigene Hauttemperatur (typischerweise etwa 32 °C) ist, so können wir uns durch Wärmeabstrahlung, die man als langwellige terrestrische Strahlung bezeichnet (Wellenlänge 5 bis 100 µm, Abbildung 2), nicht mehr abkühlen, weil wir mehr Wärmestrahlung aus der Umgebung erhalten. Dies ist vergleichbar mit einem Ofen oder Heizkörper, wenn man sich in unmittelbarer Nähe aufhält. Oft ist die Wärmespeicherung des Mauerwerks so groß, dass man die Stadt auch in der Nacht als besonders warm empfindet und auch die Luft kann sich nur wenig abkühlen. Am Tage sind dagegen die Temperaturunterschiede zwischen dicht bebauten Straßen und offenen Flächen meist nur gering.

Diese Wärmestrahlung hat aber auch einen positiven Effekt am Abend: Unter den Bäumen im Biergarten oder wenn der Wirt den Sonnenschirm noch aufgespannt hat, kommt die Wärmestrahlung von den Baumkronen und Sonnenschirmen, die etwa die Lufttemperatur haben. Der Effekt ist nachhaltiger als von jedem Wärmepilz. Fehlt dieser Schutz, ist man dem freien Himmel ausgesetzt, von dem man nur wenig Wärmestrahlung erhält und somit selbst Strahlung abgibt und es kühl empfindet. Man kann sich dann nur ganz dicht an die noch warme Hauswand setzen. Die Lufttemperatur ist aber unter dem Sonnenschirm und außerhalb dieses weitgehend identisch.

Sobald Luftbewegung herrscht, findet auch eine Wärmeleitung von der sich an der Haut erwärmten Luft an die Umgebung statt. Unterhalb von 32 °C empfindet man eine Abkühlung, darüber überwiegt das Wärmeempfinden. Im Winter ist der Effekt besonders unangenehm und die gefühlte Temperatur kann deutlich unter der wahren Temperatur liegen. Diese Temperatur wird auch als Windchill-Temperatur bezeichnet. Die Abkühlung wird dadurch unterstützt, dass Feuchtigkeit unserer Haut (Schweiß) verdunsten kann, wozu Energie benötigt wird, die unsere Haut zusätzlich abkühlt. Ist die Luft besonders trocken, zum Beispiel heiße Luft im Sommer aus Mittelasien oder der Sahara, dann ist der Effekt besonders groß. Haben wir jedoch feucht-warme Luft aus dem Mittelmeerraum, gibt es ein Schwüleempfinden, und auch Schwitzen bringt nicht mehr eine Abkühlung. Erwärmt sich die Luft über 37–38 °C, dann fühlen wir uns in ein künstliches Fieber versetzt und es wird besonders unangenehm, wenn der Wind auch keine Abkühlung mehr schafft.

Somit beeinflussen drei Effekte unser Wärmeempfinden, die Wärmebilanz zwischen Körper und der Umgebung durch langwellige Wärmestrahlung, die Wärmeleitung bei vorhandener Luftströmung an die Umgebung ggf. mit zusätzlicher Verdunstungsabkühlung und die Erwärmung der Körperoberfläche durch direkte Sonneneinstrahlung. Die Effekte können sich gegenseitig verstärken, manchmal auch kompensieren. Alles kann durch ein geeignetes Lokalklima verstärkt oder gemindert werden, wobei in Zeiten der stärkeren Erwärmung durch den Klimawandel vor allem eine Abkühlung gefragt ist.

Stadtklima

Städte sind im Zeitalter der Klimaerwärmung in Deutschland die größten Sorgenkinder. Die hohe Verbauungsdichte und die Vielzahl versiegelter Flächen führen zu einer erheblichen Wärmespeicherung am Tag. Sie heizen sich durch die hohe Wärmekapazität von Steinen und Gebäuden besonders stark auf, wobei auch die Nacht durch die nur langsame Wärmeabgabe deutlich milder als im Umland ist. Auch wenn die Abendstunden in einer Stadt noch angenehm warm sein können und von Nachtschwärmern geliebt werden, so sind es gerade diese hohen Nachttemperaturen, die für einen entspannten Schlaf bei Lufttemperaturen über 20 °C abträglich sind. In Hitzeperioden beginnt die tägliche Erwärmung somit auf einem höheren Niveau als in der Umgebung, womit am Tage sehr hohe Temperaturen auftreten können. Relativ große Gebiete Bambergs sind davon betroffen von Teilen des Berggebietes über die Innenstadt (Inselstadt), das Bahnhofsgebiet bis zum Berliner Ring. In diesem Bereich fehlt es an Grünflächen, die – falls sie bewässert wären – durch Verdunstung eine geringe Abkühlung schaffen würden. In Bambergs Innenstadt fehlt vor allem ein schattenspendender Baumbestand, der hohe Temperaturen etwas erträglich machen würde. Als Weltkulturerbestadt können bauliche Maßnahmen, die eine gewisse Milderung schaffen würden, nur bedingt eingesetzt werden. Dies wären z.B. Dachbegrünung, Fassadenbegrünung sowie Baumaterialien, die Sonnenstrahlung nach oben reflektieren oder eine geringe Wärmekapazität haben. Somit ist Bamberg auf die mildernde Wirkung der Regnitzarme, der Parks und der Kaltluftabflüsse dringend angewiesen. Bamberg gehört neben Görlitz Lübeck, Meißen, Regensburg und Stralsund zu den „historischen Städten in Deutschland", wo es durchaus machbare Beispiel für eine Anpassung an den Klimawandel gibt [51].

Waldklima

Gerade das Waldklima empfinden wir an heißen Sommertagen als besonders angenehm. Am Tag erwärmt sich vor allem der Kronenraum. Diese warme und leichte Luft kann nur in sehr geringem Maße in den Stammraum absinken, meist nur im Zusammenhang mit kleinen Windböen. Somit bleibt es im Stammraum und auf Waldwegen angenehm kühl, meist einige Grad gegenüber dem Waldrand, also ideale Bedingungen an heißen Sommertagen (Abbildung 23). Der Luftaustausch zwischen dem Stammraum und der Luft über den Kronen ist durch eine sogenannte Entkopplung weitgehend unterbunden [52]. In der Nacht findet die Abkühlung des Kronenraumes durch Wärmestrahlung nach oben (siehe auch Abbildung 2) statt. Diese kühle und schwerere Luft sinkt nun aber mit nur geringer Verzögerung in den Stammraum und die Temperaturen gleichen sich an,

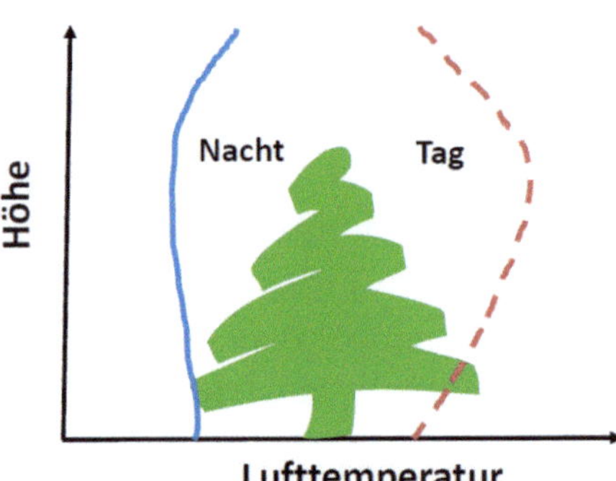

Abbildung 23 Temperaturverlauf in und über dem Wald am Tag und in der Nacht.

sich an, so dass weitgehende Isothermie im Wald herrscht. Dennoch empfinden wir in der Nacht den Wald gegenüber dem Waldrand als angenehm warm, da die Bäume im Gegensatz zur offenen Landschaft die Wärmeabstrahlung vom Boden verhindern. Für das Wärmeempfinden der Menschen ist die Temperaturdifferenz zwischen der Hauttemperatur (ca. 32 °C) und der Temperatur der Schichten über uns – hier der Temperatur des Kronenraumes – maßgeblich. Die nahezu vorhandene Windstille unterstützt dieses Empfinden. Außerhalb des Waldes wirkt dagegen die wesentlich niedrigere Temperatur der Wolken oder der Treibhausgase, so dass der Mensch ein Kälteempfinden hat. Obwohl Bamberg zu den 20 deutschen Städten mit dem wenigsten Stadtgrün gehört, ist es in der glücklichen Lage, dass es von Wäldern umgeben ist, die gerade an warmen Tagen zu Spaziergängen und Freizeitsport einladen. Die Pflege und die Neuaufforstung in diesen Waldgebieten sind somit eine vorrangige Aufgabe und jede Erweiterung durch die Aufforstung angrenzender Flächen wäre wünschenswert. Dies gilt allerdings nicht für Wiesenflächen, die der Kaltluftbildung dienen, wie die Waldwiese bei Gaustadt.

Wald hat durch sein Wasserspeichervermögen und die hohe Aufnahme von Kohlendioxid eine wichtige Rolle im Klimasystem. Er ist ein natürlicher Speicher von Kohlendioxid, indem er mehr aufnimmt, als er durch die Zersetzung u.a. von abgestorbener Biomasse wieder frei setzt. Der Schutz der Wälder ist somit gleichzeitig Klimaschutz und ein hoher Waldanteil in einer Region ist ein effektiver Beitrag zum Erhalt des Erdklimas. Bei der Waldnutzung ist zu beachten, dass diese durch Ausdünnung von bis zu einem Drittel der Bäume und Wiederaufforstung geschehen sollte. Nur so bleibt die Speicherwirkung des Waldes erhalten, denn bei einem Kahlschlag würde erst einmal 10–20 Jahre lang der Kohlenstoff aus dem Boden und Totholz freigesetzt. Beim Waldumbau durch Ausdünnung wird das freigesetzte Kohlendioxid gleich wieder assimiliert. Es tritt also ein Recycling innerhalb des Waldes ein. Totholz im Wald hat nicht nur eine wichtige Funktion für Organismen. Durch seine Zersetzung erhöht sich der Kohlenstoffanteil im Waldboden. Somit haben naturbelassene Wälder eine mehrfache Klimafunktion, sie speichern Kohlendioxid in der oberirdischen Biomasse und im Boden. Durch den damit verbundenen hohen Humusanteil sind sie weniger anfällig gegen Trockenheit und machen den Wald widerstandsfähiger in einem sich verändernden Klima [53].

Mit dem Ansinnen des damaligen Bamberger Stadtrates eine Fläche von 50 ha Wald südlich der Geißfelder Straße und im Hauptsmoorwald in ein Gewerbegebiet umzuwandeln (siehe S. 40), hätte man auf eine jährliche Speichermenge von etwa 600 t Kohlendioxid verzichtet. Ausgleichsflächen, die derartige Mengen Kohlendioxid zusätzlich speichern, sind nur schwer zu finden. Dies geht nur durch großflächige Entsiegelung oder die Umwandlung von Flächen einer intensiven Landwirtschaft in eine extensive Nutzung. Auf der anderen Seite werden damit aber nur die Emissionen von etwa 70–80 Bambergern kompensiert. Folglich kann man mit einzelnen Bäumen noch keinen merklichen Beitrag zum Klimaschutz leisten, Klimaschutz ist das Anpflanzen einer Vielzahl an Bäumen, obwohl natürlich jeder einzelne Baum auch zählt. Demgegenüber sind Ackerkulturen und intensiv genutzte Wiesen in der Regel Kohlendioxidquellen. Nur extensiv genutzte Wiesen mit nur 1–2 Mahden pro Jahr können auch Kohlendioxid speichern, die somit des gleichen Schutzes wie Waldgebiete bedürfen.

Parkklima

Ein Park soll zwei Funktionen haben: Er soll kühle Luft an die umgebenden Stadtgebiete abgeben und an heißen Tagen angenehme Temperaturen aufweisen. Dazu müssen Parks relativ groß sein (Ausdehnung in alle

Richtungen mindestens 500 m und keine Bebauungen) und viele offene Flächen besitzen, die sich in der Nacht abkühlen und dann Kaltluftspenden an die angrenzenden Stadtgebiete abgeben können [54]. In trockenen Perioden muss allerdings gewährleistet sein, dass Parks bewässert werden können, denn feuchte Flächen bleiben kühl, während sich trockene stark erhitzen. Daneben sollten Baumgruppen ausreichend Schatten spenden. Der Typ des Englischen Gartens würde diesem idealen Parkklima entsprechen.

Das Bamberger Haingebiet kommt dieser Forderung in vollem Umfang nach (Abbildung 24). In diesem Sinne profitiert insbesondere das Hain-Wohngebiet von der Kaltluft des Hains. Auswirkungen auf die Innenstadt sind eher gering, sieht man davon ab, dass entlang des linken Regnitzarmes kühlere Luft aus dem Hain nach Norden strömt. Der ERBA-Park ist

Abbildung 24 Im Bamberger Hain, Blick aus dem Botanischen Garten zum Hainweiher. Foto: Bürgerparkverein Bamberger Hain e. V.

durch die Wohnbebauung im Westen schon wieder zu schmal und hat nur durch die Einbeziehung des Main-Donau-Kanals genügend Potenzial der Kaltluftbildung für die Bebauungen an seiner Westseite. Durch die vorhandene Südströmung ist kein Einfluss auf die Innenstadt zu erwarten.

Kleine Parks in Häuserlücken und an Straßen- oder Flussrändern sind im Stadtbild sehr beliebt und als Schattenspender an heißen Sommertagen auch willkommen. Oft ist ihre nächtliche Auskühlung nicht groß genug, um als Kaltluftspender für umliegende Gebiete dienen können. Als Schattenspender sind derartige Baumgruppen wie auch Straßenbäume unerlässlich und erzeugen z. B. an Teilen des Heumarktes und am Gabelmann für angenehme Bedingungen.

Biergartenklima oder „Keller-Klima"

Das Biergartenklima ist eine typische Bamberger Klimaform und bildet sich unter großen Bäumen aus, unter denen Biertische und Bänke stehen. Es ist eine gelungene Kombination aus Wald- und Parkklima. Ein möglichst geschlossener, aber nicht zu dichter Baumbestand sorgt dafür, dass die Temperaturen zum Trinken und Essen niedriger bleiben als in der Umgebung und über den Baumkronen, und ist als Schattenspender willkommen. Auch helfen Mauern und Hecken, damit keine heiße Luft aus der Umgebung einfließen kann. Es schadet auch nicht, wenn der Baumbestand etwas lockerer ist und einige Sonnenstrahlen bis an die Biertische gelangen. Der Aufenthalt in diesen Biergärten ist bis spät abends möglich, denn man empfindet es durch das schützende Kronendach wärmer – ganz in Analogie zu den Verhältnissen im Wald. Ein typisches Beispiel für einen derartigen Garten, von denen es viele in Bamberg und Umgebung gibt, ist der Wilde-Rose-Keller (Abbildung 25).

Unmittelbar neben dem Wilde-Rose-Keller lädt der Spezial-Keller mit schönem Blick über die Stadt ein. Dadurch ist nur ein begrenzter Baumbestand vorhanden und die Temperaturen sind einige Grad höher. In den offenen Teilen des Kellers erzeugen Sonnenschirme den nötigen Schatten. Diese Sonnenschirme sollten aber am Abend nicht geschlossen werden – das gilt auch für Straßencafés in der Innenstadt, denn der Sonnenschirm

Abbildung 25 Wilde-Rose-Keller. Foto: Wilde-Rose-Keller

schützt vor Wärmeabstrahlung der Biergartengäste nach oben und man hat auch in den Abendstunden kaum ein Kälteempfinden. Ein ähnliches reduziertes Kälteempfinden hat man auch unmittelbar an Hauswänden. So paradox es klingen mag, mit möglichst großen Sonnenschirmen haben Gastwirte ein Mittel, um auch in den Abend- und frühen Nachtstunden noch Gäste anzulocken.

Spielplatzklima

Ebenfalls ein eher lokal typischer Klimatyp ist das Spielplatzklima – im idealen Fall ein Parkklima, wie auf der ERBA-Insel realisiert (Abbildung 26). Der Spielplatz ist zweigeteilt in einen offenen Wasserspielplatz, der sich durch die vorhandenen Wasserflächen nicht überhitzen kann und einen schattigen Klettergarten, der geringfügig kühler als die Umgebung,

Abbildung 26 Spielplatz auf der ERBA-Insel. Foto: Foken, 2012

aber dennoch unter den Bäumen nicht feucht ist. Viele andere Bamberger Spielplätze verfügen leider über keine schattenspendenden Bäume. Hier wären zumindest Sonnensegel angebracht.

Leider steht der Spielplatz auf der ERBA-Insel als positives Beispiel relativ allein in Bamberg und Umgebung. Stadtplaner haben häufig Spielplätze dort angeordnet, wo eine Bebauung kaum mehr möglich ist. Ein solches Beispiel ist der Spielplatz im Domgrund. Hier herrscht das nicht sehr erstrebenswerte und für Spielplätze abträgliche Muldenklima. In Mulden sammelt sich die Kaltluft, so dass sie am frühen Abend bereits kühl sind und am Morgen länger bis zur Erwärmung brauchen. Die Sonneneinstrahlung erreicht die Mulde erst bei hohen Sonnenständen – im Winter oft gar nicht. Mulden bieten zwar einen Windschutz, doch die schwache Luftbewegung führt nur zu einer geringeren Verdunstung. Zusammen mit dem in Mulden oft angesammelten Regenwasser sind sie somit ausgesprochen feucht. Nur an sehr heißen Tagen mit hoher

Sonneneinstrahlung und wenig Luftbewegung ist es in Mulden warm, meist dann sogar unangenehm warm. Ein bescheidener Vorteil ist es, dass in der Nacht die Wärmeabstrahlung von den Muldenhängen ein stärkeres Auskühlen verhindert, wenn nicht Kaltluft ungehindert in die Mulde fließen kann. Und dennoch brauchen Mulden unsere Aufmerksamkeit; eine sinnvolle Gestaltung kann davor schützen, dass sie zur Müllkippe verkommen.

Strahlungsklima

Auf geneigte und nach Süden ausgerichtete Flächen scheint in unseren Breiten die Sonne zeitweise sogar senkrecht, so dass sehr viel Wärme an Pflanzen und Boden übertragen wird. Daher werden derartige Standorte für wärmeliebende Pflanzen – wie in Franken für den Wein – besonders bevorzugt. In der Nacht können diese Flächen durch ihre offene Lage stark auskühlen. Wichtig ist aber auch ein Schutz vor kalten Winden aus Nordwest bis Ost, so dass Südhänge an geschützten Talhängen besonders bevorzugte Standorte sind.

Die Intensität der einfallenden kurzwelligen Strahlung ist immer dann besonders groß, wenn die Lichtstrahlen senkrecht auf eine Fläche fallen. Abbildung 27 zeigt, dass ein gleiches Strahlenbündel bei senkrechtem Einfall eine deutlich kleinere Fläche bestrahlt als das gleiche Bündel bei schrägem Einfall. Die Flächen mit senkrechtem Einfall, wie beispielsweise ein Weinberg, bekommen also mehr Energie ab und können sich stärker erwärmen. Diese Tatsache wird auch bei der Aufstellung von Solaranlagen genutzt. Der Aufstellungswinkel hängt von der geographischen Breite und der Sonnenhöhe in Jahreszeiten ab, in denen ein besonders hohes Energiepotential erwartet wird. Aufwendigere Anlagen drehen die Kollektoren immer so in die Sonne, dass weitgehend immer nur ein senkrechter Einfall der Strahlen vorhanden ist.

Eine optimale Ausnutzung des Strahlungsklimas erfolgt in Franken an den Weinbergen. Hier werden Südhänge mit maximaler Strahlungsausbeute bevorzugt. Der im Zuge der Landesgartenschau 2012 bereits 2009

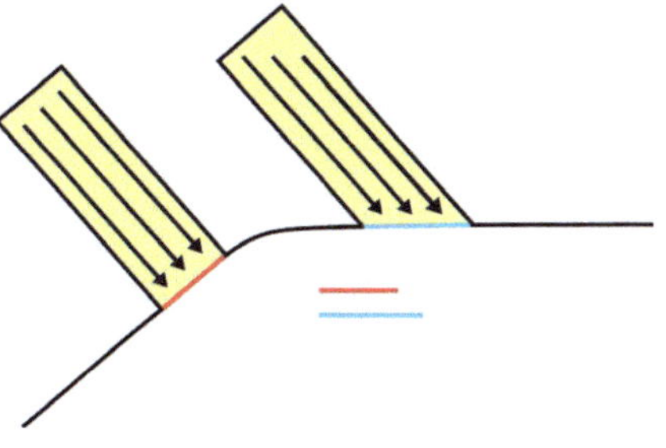

Abbildung 27 Schematische Darstellung von senkrechtem (links) und schrägem (rechts) Einfall der Sonnenstrahlen auf eine Fläche [44], © Ökologisch-Botanischer Garten der Universität Bayreuth

Abbildung 28 Weinberg am Michaelsberg im Jahr 2012. Foto: Förderverein zur Nachhaltigkeit der Landesgartenschau Bamberg 2012 e. V.

wieder errichtete historische klösterliche Weinberg am Südhang des Michaelsberges ist ein Beispiel dafür (Abbildung 28). Weinanbau ist in Bamberg und Umgebung nur an wenigen nach Süden ausgerichteten Hängen möglich, so am Ottobrunnen und nahe der Sternwarte, wo er schon einmal erfolgte. In der Bamberger Umgebung deuten einige Flurnamen auf früheren Weinbau hin. Mit der Klimaerwärmung nimmt das Spektrum der Rebsorten deutlich zu. In der Kleinen Eiszeit wurde durch Abt Degen der Silvaner nach Franken gebracht, heute wachsen bereits vor den Toren von Bamberg in Unterhaid Rotweine wie der Schwarzriesling, eine unter dem Namen Pinot Meunier in Burgund seit 400 Jahren angebaute Rebsorte. Hangige Weinberge haben weiterhin den großen Vorteil, dass Kaltluft gut abfließen kann. Man darf die Pflanzungen nur nicht bis an den tiefen Talboden ausdehnen und muss durch Wege und Mauern verhindern, dass Kaltluft von höher gelegenen Flächen oder aus Büschen und Wäldern auf den Kuppen in den Weinberg fließen kann. Die historischen Weinberge bei Steinbach vor den Toren Bambergs haben eine fischgrätenartige Struktur, die ein gutes Abfließen und Sammeln der Kaltluft ermöglicht.

Steingartenklima

Das „Steingartenklima" ist eine besondere Form des Strahlungsklimas. Im Steingarten werden gleich mehrere Klimaphänomene ausgenutzt, um ein besonders warmes und trockenes Klima zu erzeugen. Die Steine dienen dabei als Wärmespeicher, da sie sich bei Sonneneinstrahlung stark erwärmen und in der Nacht lange die Wärme speichern und somit eine zu starke Auskühlung verhindern. Eine geneigte Anlage unterstützt diese Prozesse noch. Der Steingarten soll nach Süden bis Südwesten offen sein, um volle Sonneneinstrahlung zu ermöglichen, aber auch Schutz gegen kalte Winterwinde aus Nordosten bieten. Ganz windgeschützt sollte er nicht sein, damit ausreichend Wasser verdunsten kann und der Steingarten sein trockenwarmes Lokalklima erhält (Abbildung 29).

Der Steingarten ist ein sehr schönes Beispiel, wie lokales Klima optimal ausgenutzt werden kann, um Wärme und Trockenheit liebenden Pflanzen auch in unseren Breiten optimale Lebensbedingungen zu geben. Die Nutzung von Steinwällen zur Veränderung des lokalen Klimas ist den Menschen seit alters her bekannt. In trockenen Gebieten schützen Steinwälle in der Hauptwindrichtung vor einer zu hohen Verdunstung und liefern noch ausreichend Wärme in den Nachtstunden.

Abbildung 29 Steingarten im Ökologisch-Botanischer Garten der Universität Bayreuth. Foto: Lauerer, Ökologisch-Botanischer Garten der Universität Bayreuth, 2016

Seenklima

Bamberg liegt zwar nicht an einem See, doch sind die Arme der Regnitz und des Main-Donau-Kanals so breit, dass sich ein typisches Seenklima ausbilden kann. Die Wärmekapazität von Wasser ist besonders hoch. Es dauert daher sehr lange, bis es sich erwärmt, gibt aber die Wärme durch Wärmestrahlung auch nur langsam ab. Somit sind Wasserflächen im Frühjahr noch lange kühl, im Herbst und Frühwinter dagegen noch länger warm. Dieser Effekt ist umso stärker, je größer die Wasserfläche ist. Das hat unmittelbare Wirkung auf das Lokalklima in Nähe der Wasserflächen mit kühleren Temperaturen im Frühjahr und am Tag und höheren Temperaturen im Herbst und in der Nacht. Durch den hohen Wasserdampfgehalt der Luft und das zeitige Einsetzen von Kondensation und Taufall sind Flächen nahe von Gewässern etwas weniger frostgefährdet. Diese Besonder-

Abbildung 30 Seerauch am Main-Donau-Kanal bei Bischberg. Foto: Foken, 2020

heit ist bei Anpflanzungen zu beachten. Im Frühjahr sollten wärmeliebende Pflanzen möglichst nicht an Gewässern stehen, jedoch Pflanzen, die noch lange in den Herbst hinein blühen sollen.

Ist im Herbst und im Frühjahr nach einigen sonnenscheinreichen Tagen das Wasser in den Morgenstunden mehr als 10 °C wärmer als die darüberstreichende kältere Luft, dann lösen sich von der erwärmten Wasseroberfläche warme Luftwirbel ab, wobei in der darüber liegenden kalten Luftschicht der Wasserdampf rasch kondensiert und sich rauchartiger Nebel (Seerauch) ausbildet (Abbildung 30). Seerauch reicht nur wenige Meter hoch. Das Phänomen kann an kleinen Teichen, aber auch an der Regnitz und am Main-Donau-Kanal beobachtet werden. Über dem Meer können darin kleine Schiffe völlig verschwinden, die dann von größeren nicht mehr gesehen werden.

Lokalklima der Gärtnerflächen

Zum Weltkulturerbe der Stadt Bamberg gehört auch die Gärtnertradition und innerstädtische Gärtnergebiete sind in diesem Zusammenhang mit dem Weltkulturerbe sogar geschützt. Typisch sind dafür Flächen von wenigen Hektar Größe, die von Gebäuden eingeschlossen sind. Die Ausdehnung von kaum mehr als 100 m bieten optimalen Schutz gegen Wind, wodurch sich die Austrocknung des Bodens reduziert und bei trockenem Boden die Erosion. Die Flächen sollen ausreichend Strahlung von der Sonne erhalten, ohne dass schattige Stellen völlig vermieden werden. An den stärker von der Sonne beschienenen Flächen wird man in der Regel wärmeliebende Pflanzen anbauen. Oft sind diese dann aber auch frostgefährdet, da das Gelände doch relativ offen ist. Hecken, Büsche und Sträucher in angemessenem Abstand können in der Nacht die zu große Wärmeabstrahlung und damit Frostgefährdung vermindern. Durch die geringen Windgeschwindigkeiten in Hecken- und Gebüschnähe wird auch die Verdunstung reduziert. Damit sind diese Flächen in der Regel feuchter, insbesondere an der Schattenseite mit dem Nachteil einer stärkeren Moosbildung. Der Windschutz ist auf alle Fälle sinnvoll von Nordwest über Nord bis Ost, um vor kalten Winden im Winter zu schützen.

Dagegen sind die Gärtnergebiete im Norden der Stadt eine offene Landschaft und mit nur wenigen Bäumen und Sträuchern besetzt. Da keine Windschutzstreifen vorhanden sind, kann der Wind nahezu ungehindert wehen. Zusammen mit der hohen Sonneneinstrahlung kann die Verdunstung besonders groß werden, den Boden austrocknen und bei fehlender Pflanzendecke durch Winderosion wegtragen. Durch gezielte Windschutzstreifen, wie sie bei derartigen Flächen im Norden Deutschlands üblich sind, kann hier das Lokalklima noch optimiert werden. Diese haben typische Abstände in Hauptwindrichtung von ca. 100 m. Dies ist genau der Abstand, bis nach dem Windschatten hinter dem Windschutzstreifen der Wind in voller Stärke den Boden wieder erreicht. Ebenfalls verdunstungsmindernd wirkt sich Agri-PV aus [55]. Das sind hochbeinige Photovoltaikanlagen unter denen kleine Fahrzeuge zur Gemüsepflege hindurchfahren können, die aber den Wind reduzieren und außerdem zur Sammlung von Wasser in Zisternen geeignet sind.

Diese großen freie Flächen sind in klaren windstillen Nächten – speziell im Frühling – besonders stark frostgefährdet. Ursache ist die ungehinderte Wärmeabstrahlung des Bodens. Hier kühlt sich die Luft stärker ab als unter Bäumen oder in bebauten Gebieten. Kann noch Kaltluft einfließen, wird der Effekt zusätzlich verstärkt. Besonders hoch ist die Nachfrostgefahr, wenn trockene Kaltluft aus dem hohen Norden eingeströmt ist (Eisheilige). Empfindliche Kulturen kann man kurz vor Frostbeginn mit Wasser einsprühen, dann gefriert erst der Wasserfilm, bevor Blüten und Blätter erfrieren können. Üblich sind auch kleine Öfen, die im Wein- und Obstbau eingesetzt werden. Leider sind die Eisheilgen nicht durch den Klimawandel abgeschwächt und kommen wie immer Anfang Mai, obwohl die Pflanzenentwicklung gegenwärtig bereits etwa zwei Wochen verfrüht ist (siehe S. 89–90). Setzt durch die hohe Feuchtigkeit des Flusstales die Nebelbildung schon bei positiven Temperaturen ein, so kommt es meist nicht zu Frost, da die Abkühlung an der Obergrenze des Nebels stattfindet.

Für Gärtner ist der für den Klimawandel wichtige Treibhauseffekt allgegenwärtig. Zeigt doch das Gewächshausklima im Kleinen, wie der Klimawandel funktioniert. Sonnenstrahlung durchdringt das Glas oder die Atmosphäre weitgehend ungeschwächt. Im Gewächshaus wird diese Strahlung absorbiert und dann als nicht sichtbare infrarote Wärmestrahlung abgegeben. Diese kann ebenso wenig das Glas durchdringen wie eine Atmosphäre mit Treibhausgasen und wird wieder zurück emittiert. Wie es im Treibhaus unerträglich heiß werden kann, so wärmt sich durch den Klimawandel auch die Erde zunehmend auf. Beim Gewächshaus kann man durch außen angebrachte Jalousien den Einfall von Sonnenstrahlung reduzieren oder durch Öffnung der Dachflächen warme Luft entweichen lassen. Beim Erdklima gibt es diese Möglichkeiten nicht, es muss die Emission von Treibhausgasen wie Kohlendioxid und Methan gemindert werden.

MESSUNGEN ZUM BAMBERGER LOKALKLIMA

Nachfolgend sollen einige typische Beispiele zeigen, welche hohe Variabilität das Lokalklima in Bamberg unter bestimmten Wetterbedingungen hat.

Städtische Wärmeinsel

Durch das bereits genannte Crowdsourcing Messnetz privater Wetterstationen (siehe. S. 30) haben wir bereits einen recht guten Überblick zur Ausbildung der städtischen Wärmeinsel in Bamberg. Allerdings liegen diese Informationen erst seit 2022/23 vor. Vorher konnte man nur erahnen, wie sich die Wärmeinsel ausbildet und welche Temperaturunterschiede zum Umland vorhanden sind.

Zur Untersuchung der städtischen Wärmeinsel wurde einmalig an den heißen Tagen 26. und 27. Juni 2019 an 5 Standorten in Bamberg nahezu gleichzeitig gemessen, initiiert durch die Burgerinitiative „Rettet den Hauptsmoorwald" und dem BUND Naturschutz Bamberg (Abbildung 31). Die Messungen erfolgten mit einem sehr genauen Messgerat (Aspirationspsychrometer nach Aßmann [21]), um Zehntelgrade sicher auflösen zu können. Die zum Vergleich herangezogene Wetterstation Bamberg (Station 282, s. Abbildung 13) in der Südflur zeigt ein typisches Temperaturverhalten für offene ländliche Standorte mit hoher Kaltluftbildungsrate. Die Temperatur weicht am Tage etwa 2 °C von der in städtischen Gebieten ab, in der Nacht z.T. mehr als 5 °C. Die kurzzeitige Erwärmung um 3 Uhr morgens erklärt sich durch den Aufzug einzelner Wolken oder durch Dunstbildung. Es ist auch die einzige Station, an der keine Tropennacht gemessen wurde (Minimum 20 °C und höher).

Die Unterschiede zwischen der Innenstadt und dem Bamberger Osten sind minimal. Der dicht bebaute Bamberger Osten gehört analog der Innenstadt zur Wärmeinsel der Stadt, wobei die Innenstadt aber offensichtlich durch seine Insellage noch etwas profitiert. Beide Gebiete kühlen sich in der Nacht deutlich langsamer ab und der Temperaturunterschied zu den anderen Standorten wächst in der zweiten Nachthälfte deutlich an. Ursa-

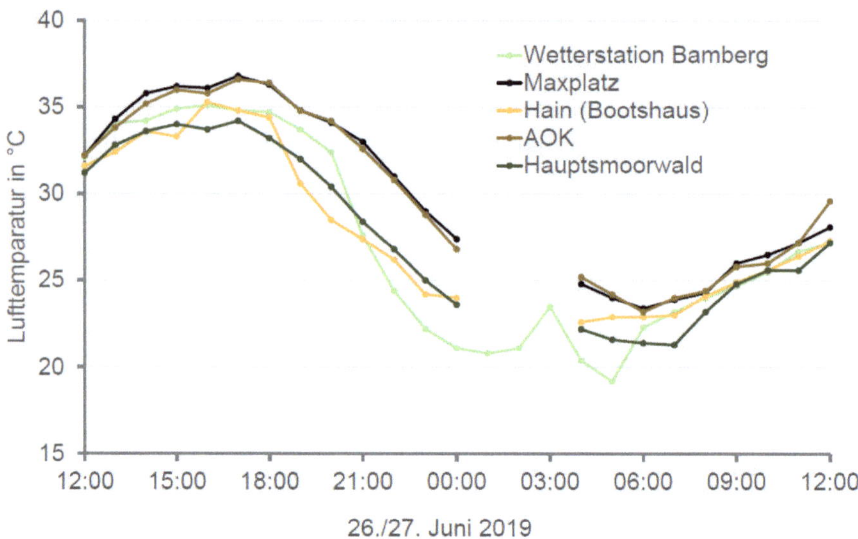

Abbildung 31 Temperaturgang an den innerstädtischen Standorten am Maxplatz und im Bamberger Osten (AOK), im Hain und im Hauptsmoorwald sowie an der Wetterstation Bamberg im Südflur an einem heißen Tag (24h-Messreihe der Bürgerinitiative „Rettet den Hauptsmoorwald " und des BUND Naturschutz Bamberg unter wissenschaftlicher Begleitung des Autors und von Dr. habil. Lüers, Universität Bayreuth)

che ist die absorbierte Wärme in der Bausubstanz. Damit beginnt innerstädtisch die morgendliche Erwärmung auf einem höheren Temperaturniveau.

Im Hauptsmoorwald ist es ständig etwa 3–4 °C kühler als in der Innenstadt und damit am Tag auch noch kühler als die Wetterstation Bamberg, was in beeindruckender Weise das Waldklima dokumentiert. Der Hain erweist sich als ausgezeichnetes Naherholungsgebiet mit Temperaturen deutlich unter denen der Stadt, am Tage fast im Bereich des Hauptsmoorwaldes. Außerdem ist er zumindest im Bereich des linken Regnitzarmes ein Kaltluftbildungsgebiet. Dies zeigt sich eindeutig durch die Abkühlung ab ca. 19 Uhr, wenn das Gebiet des Bootshauses in den Schatten des Berggebietes kommt. Den Beginn der Kaltluftbildung sieht man ähnlich an der Wetterstation, allerdings erst ab Sonnenuntergang um 21 Uhr.

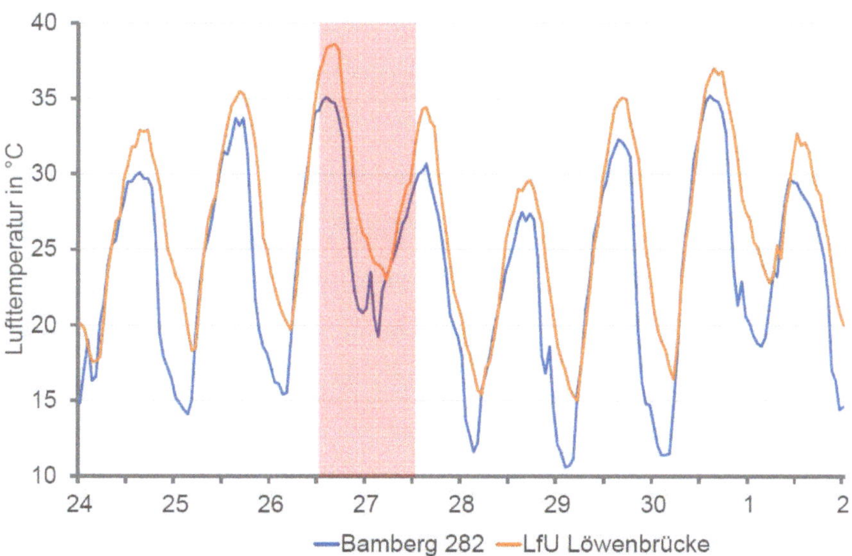

Abbildung 32 Gang der Lufttemperatur in der Hitzeperiode vom 24. Juni bis 1. Juli 2019 an der Stadion Bamberg Südflur (Nr. 282) und an der Station des Bayerischen Landesamtes für Umwelt an der Löwenbrücke. Der hervorgehobene Zeitbereich entspricht der Darstellung in Abbildung 31. Daten: Deutscher Wetterdienst und Bayerisches Landesamt für Umwelt

Um zu verdeutlichen, dass diese einzelne Messung durchaus typisch für Hitzeperioden ist, zeigt Abbildung 32 den Temperaturverlauf für die ganze Hitzeperiode vom 24. Juni bis 01. Juli 2019. Als innerstädtische Messungen wurden die Daten des Bayerischen Landesamtes für Umwelt gemessen an der Löwenbrücke (Abbildung 14) herangezogen. Es bestätigt sich hiermit, dass die innerstädtischen Maxima der Lufttemperatur um 2–4 °C über denen des Umlandes liegen und die Minima im Südflur etwa bis 5 °C niedriger sind. Am Abend setzt die Abkühlung in der Stadt erst mehrere Stunden später ein. In dem 8tagigen Zeitraum waren in der Stadt 7 heiße Tage (Maximum ≥ 30 °C, im Umland nur 6), 4 extrem heiße Tage (Maximum ≥ 35 °C, im Umland nur 2) und 3 Tropennächte (Minimum ≥ 20 °C, im Umland keine) registriert worden. Für einen erholsamen Schlaf sind Temperaturen unter 20 °C nötig. Diese werden in einer derartigen Hitzeperiode in der Innenstadt nicht oder erst kurz vor Sonnenaufgang er-

Abbildung 33 Minimumtemperaturen in der Tropennacht am 20. Juli 2022. Es konnten folgende Zonen ermittelt werden: 1: Innenstadt, 2: Flussnahe Gebiete, 3: Gebiete außerhalb der Innenstadt, 4: Gebiet im Einflussbereich des Hains [56] © Bürgerverein Bamberg-Mitte

reicht, häufig ist es in den Zimmern auch noch wärmer. Dies ist ein wichtiges Kriterium für das menschliche Wohlbefinden und kann für Kranke sogar lebensbedrohlich werden

Im Frühjahr 2022 hat der Bürgerverein Bamberg-Mitte begonnen, private Wetterstationen zu finanzieren und ein erstes kleines Messnetz auf der „Insel" aufzubauen. Im Jahr 2023 hat dann die Universität Bamberg begonnen, einen Großteil der Bamberger privaten Wetterstation mit Sensorik der Firma Netatmo zu erfassen und nach den Richtlinien des Crowdsourcing zu bearbeiten und hinsichtlich der Datenqualität zu prüfen [57, 58]. Erste Ergebnisse können bereits dargestellt werden.

So konnte exemplarisch 2022 eine Tropennacht genau analysiert werden, indem mehrere Stationen in einem Gebiet qualitätsgeprüft und dann einen bestimmten Gebiet zugeordnet wurden [56]. Abbildung 33 zeigt das

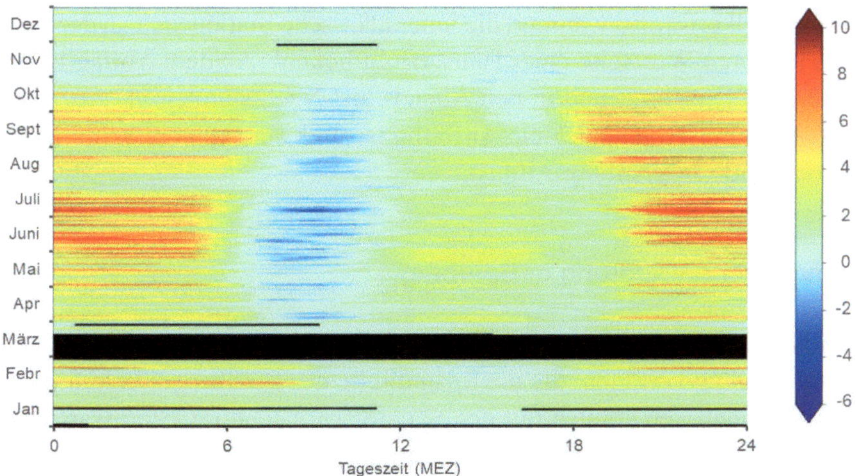

Abbildung 34 Hovmöller-Diagramm der Temperaturdifferenz zwischen der Innenstadt von Bamberg und der Wetterstation im Südflur für das Jahr 2023. Positive Werte zeigen, dass die Innenstadt wärmer ist (siehe auch Text). Schwarz sind Fehlmessungen gekennzeichnet. Die Bearbeitung erfolgte im Rahmen eines Masterseminars an der Universität Bamberg durch Syed Zohair Ahmed Bin Ayaz, betreut durch den Autor.

Ergebnis mit einer Tropennacht nahezu ausschließlich nur in der Innenstadt. Bereits die angrenzenden Gebiete mit niedrigerer und nicht mehr so dichter Bauweise hatten keine Tropennacht. Etwas kühler war es dann noch nahe der Regnitz und im unmittelbaren Einflussbereich des Hains.

Noch anschaulicher ist eine ganzjährige Auswertung mittels eines Hovmöller-Diagramms (Abbildung 34) [59], bei dem auf der x-Achse die Tageszeit und auf der y-Achse die Tage des Jahres beginnend vom 1. Januar bis zum 31. Dezember dargestellt sind. Die Farben im Diagramm zeigen die Differenz der Lufttemperatur zwischen Innenstadt und der Wetterstation im Südflur. Blau sind Zeiten gekennzeichnet, in denen die Lufttemperatur an der Wetterstation höher war und rot die Lufttemperatur der Innenstadt. In dem Vierteljahr mit den niedrigsten Sonnenständen von November bis Januar gibt es kaum Unterschiede. Auffällig sind höhere Temperaturen an der Wetterstation am Vormittag. Das Jahr 2023 war sehr trocken und über der trockenen Wiese an der Wetterstation hat sich die Luft schnell erwärmt, während die innerstädtische Station sich an der morgens kühleren Westseite einer Häuserfront befand. Ab dem Mittag ist die Stadt 2–4 °C wärmer und in den Abend- und Nachtstunden bis zu 10 °C, vorwiegend in Tropennächten. Auffällig ist auch eine kühlere Witterungsperiode Ende Juli/Anfang August.

Sommerliche Witterung in Bamberg

Bamberg war in den 1950er Jahren in der glücklichen Lage, über drei Wetterstationen zu verfügen, die die Spannbreite des Bamberger Lokalklimas gut dokumentieren können mit den Standorten Altenburg, Sternwarte und Südflur. Lediglich die unmittelbare Innenstadt hatte keine Station. Die Jahre 1949–1951, als die Bamberger Station sich noch an der westlichen Peripherie der Innenstadt befand, wurden nicht herangezogen, da die Datenqualität etwas fragwürdig ist. Während es in den letzten 10 Jahren kein Problem gewesen wäre, eine Hitzeperiode für eine schöne graphische Darstellung zu finden, war dies in den 1950er Jahren doch ein gewisses Problem, da oft nur wenige Tage nacheinander Temperaturen über 25 °C aufwiesen. Leider stehen uns für die 1950er Jahre keine stündlichen Messungen zur Verfügung, so dass die nachfolgenden Betrachtungen Minima und Maxima der Lufttemperatur betreffen.

Abbildung 35 zeigt die Folge einiger Sommertage aus dem Jahr 1958. Dabei waren die ersten drei Tage mit geringer Bewölkung. Der 14.07. war offensichtlich stärker bewölkt, erkenntlich an der geringen Differenz zwischen den Maxima und Minima. Die folgenden beiden Tage waren zumindest früh bewölkt, denn die Minima zeigen keine Unterschiede. Von Interesse sind die ersten drei Tage. Hier sieht man bei den Maxima deutlich, dass die Altenburg etwa 2 °C kühler ist als die Messungen an der Sternwarte, die schon etwas städtisch beeinflusst sind. Die Messungen an der Südflur liegen zwischen den anderen beiden Stationen, wobei der Unterschied Südflur–Altenburg der Temperaturabnahme mit der Höhe entspricht und keinen lokalklimatologischen Effekt darstellt. Die Minima an der Altenburg liegen am 12.07. etwa 5 Grad über denen der Sternwarte.

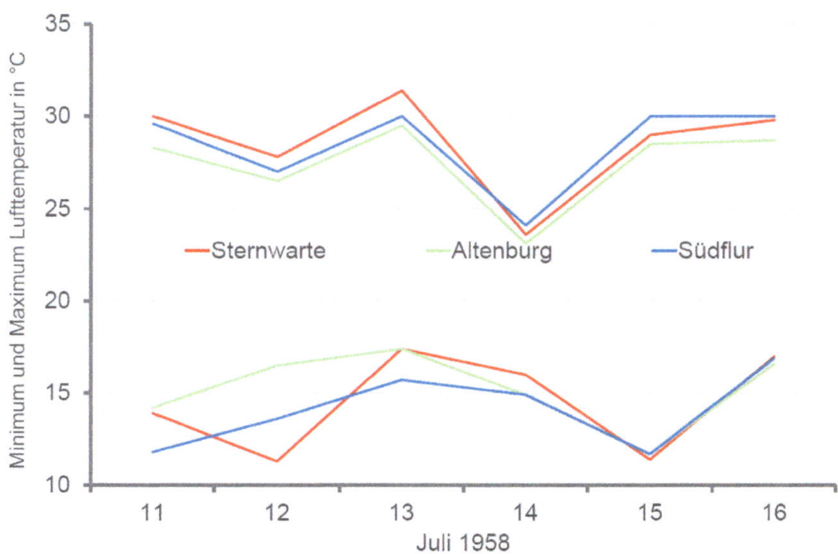

Abbildung 35 Minima und Maxima der Lufttemperatur an den drei Bamberger Stationen im Juli 1958. Daten: Deutscher Wetterdienst

Die Ursache dieses großen Unterschiedes auf relativ kurze Distanz erklärt sich durch eine sogenannte Inversionswetterlage. Während Kaltluft sich in den Tälern ansammelt, bleibt es in der Höhe warm und es entsteht eine Sperrschicht, die z.B. Rauchfahnen an einem weiteren Aufsteigen hindert. Die Altenburg liegt häufig oberhalb der Inversionsschicht. Dies sieht man gut beim Wandern nach einer klaren Nacht früh morgens auf die Altenburg oder die Höhen rund um Bamberg, wie sich die Altenburg aus der Dunstglocke erhebt. Das Minimum an der Südflur ist noch einmal einige Grad unter dem der Sternwarte, allerdings am 12.07. hat sich offensichtlich in der Südflur Bodennebel gebildet und ein weiteres Absinken der Temperatur verhindert.

Winterliche Witterung in Bamberg

Eine winterliche, für Bamberg typische, Witterungsperiode in den 1950er Jahren ließ sich leicht finden. Eine besonders lange mit zum Teil sehr tiefen Temperaturen gab es im Februar 1956, die in Abbildung 36 gezeigt wird. Wieder sind die Minima und Maxima der Lufttemperatur der drei Stationen Altenburg, Sternwarte und Südflur gezeigt. Die Maxima unterscheiden sich minimal und die etwas niedrigeren Werte an der Altenburg lassen sich völlig durch den Höhenunterschied erklären. Im Gegensatz zu der sommerlichen Wetterlage liegt die Inversionsschicht offensichtlich höher als die Altenburg, nur vom 16.–18.02. liegt sie etwas tiefer, was man an den höheren Minimumtemperaturen an der Altenburg erkennen kann. Liegen Minima und Maxima dicht zusammen, so herrschte stärkere Bewölkung und auch offensichtlich stärkerer Wind vor (es gab zur damaligen Zeit keine zuverlässigen Windbeobachtungen in Bamberg), so dass Kaltluft in unser Gebiet einströmte und am 01. und 02.02. an der Altenburg sogar die niedrigsten Minimumtemperaturen gemessen wurden. In Strahlungsnächten sind jedoch die Temperaturen in der Südflur (am 17.02 sogar bis zu 10 °C) am niedrigsten und am 10.02.1956 wurde mit –30,1 °C die niedrigste jemals in Bamberg gemessene Temperatur ermittelt.

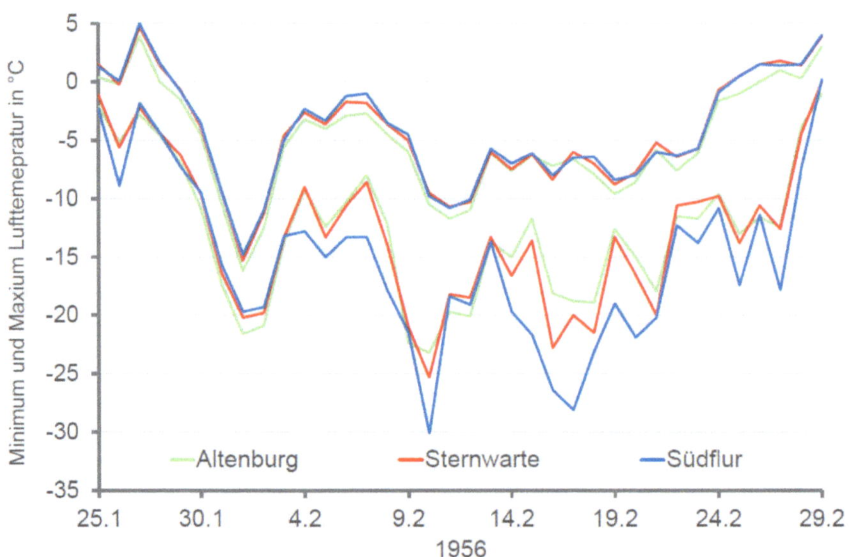

Abbildung 36 Minima und Maxima der Lufttemperatur an den drei Bamberger Stationen im Januar/Februar 1956. Daten: Deutscher Wetterdienst

BAMBERG ZWISCHEN STEIGERWALD UND FRÄNKISCHEM JURA

Aus dem Klimadiagramm für die Lufttemperatur in Bamberg lassen sich relativ einfach die Klimadiagramme im Landkreis ableiten. Je 100 m Höhenzunahme nimmt die Temperatur um 0,6 °C ab. Die Station Bamberg liegt auf einer Hohe von 240 m NHN. Die Station Ebrach im Steigerwald liegt auf 340 m NHN und ist somit 0,6 °C und Wattendorf an der Albtrauf liegt auf 522 m NHN und ist somit 1,7 °C kühler als Bamberg. Dabei sind die angegebenen Höhen über Normalhöhennull (NHN), dem seit 2016 gültigen Haupthöhennetz in Deutschland, weitgehend identisch mit der früheren Bezeichnung der Höhen über dem Meeresspiegel. Bei den Monatsmitteln sind diese Unterschiede deutlich merkbar, was man auch daran erkennen kann, dass die Pflanzenentwicklung im Frühjahr an der Albtrauf 1–3 Wochen hinter den Bedingungen in Bamberg zurück liegt. Bei den Tageswerten fällt einem dies kaum auf, doch sind die Maxima an der Albtrauf etwas niedriger. Die Minimum-Temperaturen sind jedoch häufig in Bamberg niedriger, da sich in der Tallage die Kaltluft ansammelt. Dies sieht man im Winter deutlich am Vergleich mit Bayreuth, das ca. 100 m höher als Bamberg liegt und im Winter mit ausgeprägten Hochdrucklagen einige Grad wärmer ist hinsichtlich der Minima.

Niederschlag

Am deutlichsten sieht man Unterschiede zwischen Bamberg und den umliegenden Mittelgebirgen beim Niederschlag. Sicher hat mancher Bamberger voller Neid auf die Gemeinden östlich der Autobahn geblickt, wenn es dort geregnet hat und in Bamberg kein Tropfen gefallen ist. Dies liegt zum einen daran, dass durch den Stau der von Westen heranziehenden Wolken an der Albtrauf der Niederschlag zunimmt, je näher man an die Albtrauf kommt. Beim Schauerniederschlag scheinen auch Ortschaften nordöstlich vom Bamberger Zentrum bevorzugt zu sein, denn über dem wärmeren Stadtkern tanken die Schauerwolken noch einmal richtig

Energie, bevor sie dann in Entfernungen von 5–20 km abregnen. Um das exakt nachzuweisen, fehlen ausreichend Messdaten, doch für viele Großstädte wie Berlin [35] ist die Niederschlagsverstärkung im Lee, d. h. der windabgewandten Seite der städtischen Wärmeinsel, signifikant nachgewiesen. Der aufmerksame Beobachter wird sicher schon festgestellt haben, dass je nach Zugrichtung von Schauern und Gewittern die stärksten Niederschläge in ganz bestimmten Gebieten fallen, wobei die westlichen Teile der Stadt meist am wenigsten Niederschlag abbekommen. Die Höhenzüge rund um Bamberg, aber auch die Flussläufe von Regnitz und Main, stellen für langsam ziehende Schauer- und Gewitterwolken natürliche Hindernisse dar.

Der meiste Niederschlag im Landkreis fällt in unmittelbarer Nähe der Albtrauf und ist schon meist 1–2 km östlich davon wieder geringer. Ähnliche Verhältnisse sind am Westabhang des Steigerwaldes. Der Landkreis beginnt aber östlich davon, so dass im Zentrum des Steigerwaldes bei E-

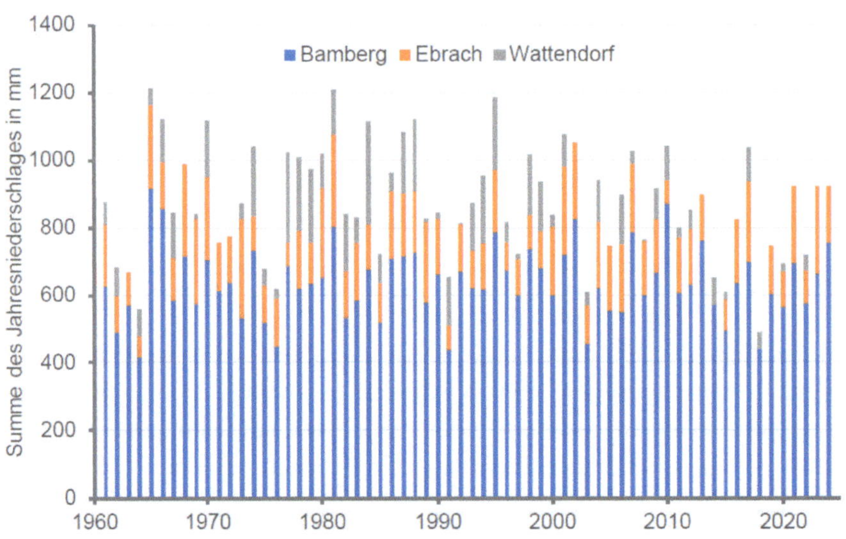

Abbildung 37 Jahressumme des Niederschlages in Bamberg 1961–2024 (niedrigster Wert), Ebrach und Wattendorf (höchster Wert), falls in einzelnen Jahren Stationen nicht angezeigt sind, so ist deren Niederschlag geringer als die Station mit dem sonst niedrigeren Niederschlag. Daten: Deutscher Wetterdienst

brach schon wieder geringere Niederschläge fallen. Im Mittel für die Jahre 1960–2020 sind dies in Ebrach 25 % mehr Niederschlag als in Bamberg. An der Albtrauf bei Wattendorf fallen fast 40 % mehr Niederschlag als in Bamberg. Dies wird in Abbildung 37 verdeutlicht.

Bamberg und auch die Umgebung weisen als Tagessummen keine extremen Werte auf. Das Maximum seit 1879 von 75,3 mm am 24.06.1975 ist relativ niedrig. Eine Ursache dafür ist, dass uns die typischen Hochwasserwetterlagen mit dem Zusammentreffen von warmer Luft aus dem Mittelmeerraum und kühler aus dem Norden durch den Alpenraum und den Bayerischen Wald nur streifen. Kräftige Schauer mit 20–30 mm in weniger als einer Stunde reichen aber auch schon aus, dass die Kanalisation dies nicht fassen kann und es zu lokalen Überflutungen kommt. Auch hier wird in Abbildung 38 der Vergleich der Tagessummen des Niederschlags mit Ebrach und Wattendorf gezeigt, die zwar oft höher liegen als in Bamberg, aber eben nicht immer.

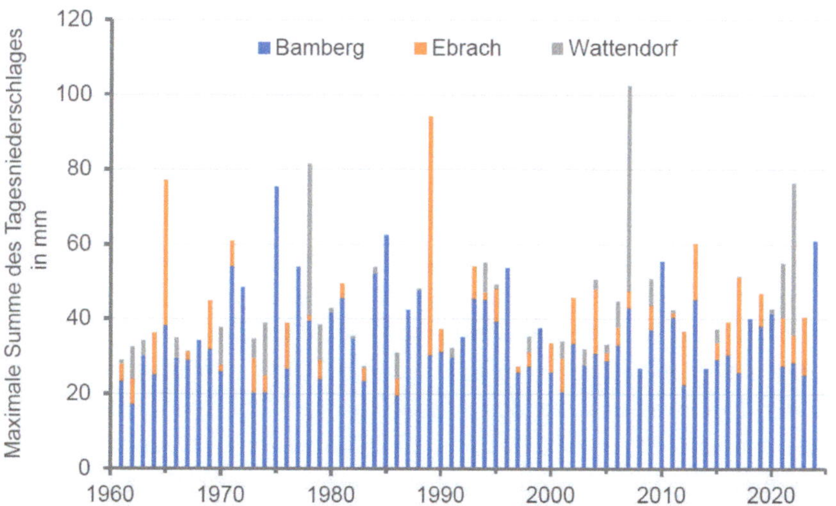

Abbildung 38 Höchste Tagessumme des Niederschlages in Bamberg 1961–2024 (niedrigster Wert), Ebrach und Wattendorf (höchster Wert), falls in einzelnen Jahren Stationen nicht angezeigt sind, so ist deren Niederschlag geringer als die Station mit dem sonst niedrigeren Niederschlag. Daten: Deutscher Wetterdienst

Schneedecke

Wie noch gezeigt wird, ist eine geschlossene und länger anhaltende Schneedecke inzwischen zur Seltenheit geworden. Das letzte herausragende Schneeereignis war von Dezember 2010 bis Januar 2011 und dann erst wieder im Februar 2021. Es ist auch noch in anderer Hinsicht bemerkenswert, da im Januar 2011 das letzte größere Hochwasserereignis in der Region stattfand, wobei sich die seit der Jahrtausendwende verstärkt getätigten Investitionen in den Hochwasserschutz bereits auswirkten, so konnten beispielsweise die niedrig gelegenen Häuser in Bischberg sicher geschützt werden.

Wie Abbildung 39 zeigt, unterscheiden sich die Schneehöhen in Bamberg, Watterdorf und Ebrach doch beachtlich, wobei die Schneedecke in Ebrach fast 1 m hoch war bei nur 20 cm in Bamberg. Der größte Schneedeckenzuwachs erfolgte an allen Stationen am 16. und 24.12.2010 bei Niederschlagsmengen um etwa 10 mm. Schnee taut auch bei höheren Temperaturen nur langsam, weil Sonnenlicht zu etwa 90% reflektiert wird und Schnee ein schlechter Wärmeleiter ist. Intensives Tauwetter ist immer mit Niederschlag und möglichst mit hohen Temperaturen und Wind verbunden. Dies setzte am 06. und 07.01.2011 ein bei insgesamt 30 mm Niederschlag in Wattendorf. Die Schneedecke war dadurch in nur 2 bis 3 Tagen völlig verschwunden. Das Abschmelzen der Schneedecke im Steigerwald und Fränkischem Jura ist aber für Bamberg noch kein Hochwasserereignis, denn die höheren Lagen des Frankenwaldes und Fichtelgebirges tauen erst etwas später und die Hochwasserwellen kommen auf dem Main und der Regnitz zeitversetzt an. Das Zusammentreffen von kräftigen Niederschlägen vom 11. bis 14.01.2011 (in Wattendorf 40 mm) mit der Hochwasserwelle des Mains aus den höheren Mittelgebirgen führte dann am 15. und 16.01.2011 zu Hochwasser an Regnitz und Main (Abbildung 40). Mit den immer seltener werdenden größeren Schneehöhen werden derartige Hochwasserereignisse auch seltener.

Etwas überraschend war dann das Weihnachtshochwasser 2023 am Main und insbesondere seinen nördlichen Nebenflüssen, denn die Hochwasserwelle der Schneeschmelze des Ende November/ Anfang Dezember in den Mittelgebirgen gefallenen Schnees passierte den Main nördlich von

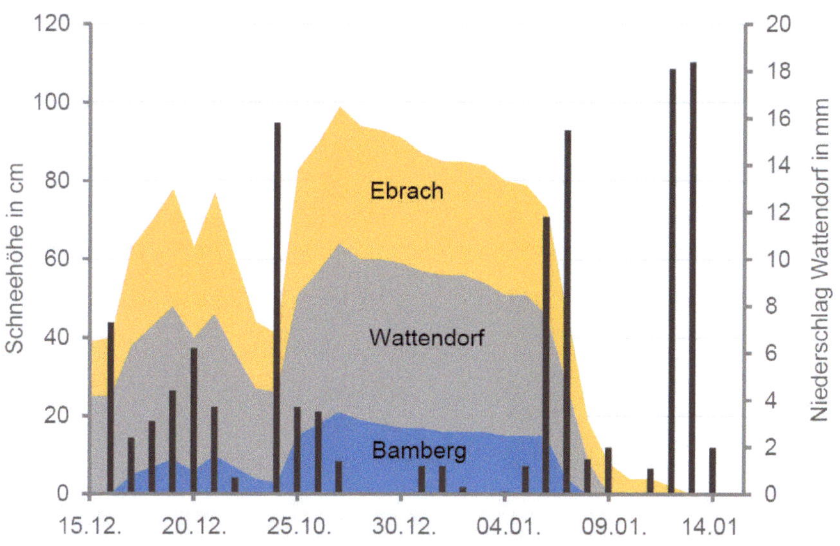

Abbildung 39 Schneehöhen in Bamberg, Wattendorf und Ebrach vom 15.12.2010 bis 15.01.2011 sowie die gemessenen Niederschlagssummen in diesem Zeitraum in Wattendorf. Daten: Deutscher Wetterdienst

Abbildung 40 Hochwasser am 15.01.2011 in Bischberg mit überflutetem Uferweg am Main-Donau-Kanal und Hafen im Hintergrund. Foto: Foken

Bamberg bereits am 15.12.2023. Weihnachten waren dagegen die Mittelgebirge weitgehend schneefrei, doch lagen die Lufttemperaturen 9 °C über den Normalwerten, so dass die Atmosphäre fast die doppelte Menge Wasserdampf aufnehmen konnte gegenüber normalen Lufttemperaturen. Die Folge waren Niederschlagsmengen im Frankenwald über 150 mm über Weihnachten, was bei den bereits durchfeuchteten Böden die Hochwasserwelle bis Meldestufe 3 am Mainpegel Kemmern zur Folge hatte.

KLIMAWANDEL IN BAMBERG

Klimawandel ist heute in aller Munde und beherrscht zunehmend die Medien und auch unser Leben. Das Spektrum der Berichte ist groß von Zukunftsangst bis zur Leugnung der Existenz des Klimawandels. Dabei beruht er auf physikalischen Gesetzen, die seit 100–200 Jahren bekannt sind und zu unserer täglichen Lebenserfahrung gehören. Jeder weiß, das Wasser bei 100 °C kocht, aber auf der fast 3000 m hohen Zugspitze bereits bei 90 °C. Mit einem Ofen oder Heizkörper kann man ein Zimmer heizen. Wenn dieser dann noch einige Grade wärmer ist als die Lufttemperatur, empfinden wir es besonders angenehm. Bringt man diese und andere Gesetze aber mit dem Klimawandel in Verbindung, zweifeln einige unter uns die Existenz der physikalischen Zusammenhänge an. Ja, man bezeichnet die Diskussion über den Klimawandel sogar als Ideologie oder das Machwerk einer Klima Lobby [60].

Während grobe Abschätzungen des anthropogenen Klimawandels schon vor mehr als 100 Jahren relativ genau erfolgten [61], ist die heutige Klimamodellierung durch die Verbindung der Prozesse in der Atmosphäre mit denen in der Hydrosphäre (u. a. Ozeane), Kryosphäre (Eisbedeckung), Pedosphäre (Boden) und Biosphäre sowie der relevanten chemischen Prozesse in der Lage, die Unterschiede der Klimaerwärmung in den Regionen der Erde und die damit verbundenen Auswirkungen sehr präzise zu modellieren. Notwendig sind nur sozio-ökonomische Annahmen über die Konzentrationen der Treibhausgase.

Während die Klimaerwärmung in den nächsten 30–50 Jahren eindeutig bestimmbar ist, gibt es natürlich noch einige Fragestellung, die Gegenstand der wissenschaftlichen Untersuchungen sind. So beispielsweise ob die atlantische Umwälzzirkulation (Golfstrom) noch Ende dieses Jahrhunderts oder erst im folgenden Jahrhundert zum Erliegen kommt [62] oder ein Zusammenbruch verhindert werden kann. Dies bedeutet aber nur eine andere Verteilung der Energien speziell auf der Nordhalbkugel, allerdings mit beachtlichen Folgen u. a. dass die Ostküste Nordamerikas nicht mehr kühler als die Westküste Europas ist. Auf den globalen Klimawandel generell hat dies keinen Einfluss. Da Hitzewellen und Flutkatastrophen auch heute schon in Nordamerika typisch sind, würden diese Auswirkungen des Klimawandels in Europa nicht verschwinden.

Unterschiedliche Auffassungen gibt es natürlich in der politischen Diskussion des Klimawandels. Will man durch Reduktion der Treibhausgasemissionen das Klima nach 2050 stabilisieren und die Erwärmung stoppen, wie es das Pariser Klimaabkommen vorsieht, oder will man die gegenwärtigen Lebensbedingungen uneingeschränkt beibehalten und das Problem auf zukünftige Generationen abwälzen. Auch steht die Frage, ob man durch eine Anpassung an den Klimawandel seine Auswirkungen wie extreme Hitze oder Flutkatastrophen abmildern will. Auch die Wege dazu und die Prioritätensetzungen können unterschiedlich sein. Hier haben die Bürgerinnen und Bürger in einem demokratischen Staat die Möglichkeit, durch eine entsprechende politische Entscheidung den Weg mitzubestimmen.

Das folgende Kapitel will versuchen, anhand vorhandener Messdaten den bereits eingetretenen Klimawandel zu dokumentieren. Da alle Daten frei zugänglich sind, kann jeder diese Angaben selbst überprüfen. Am Ende werden dann noch gesicherte Angaben auf der Grundlage vorhandener Trends und der Klimamodellierung mitgeteilt, wie sich unser Klima bis zur Mitte des Jahrhunderts entwickeln wird.

MITTELWERTE DER LUFTTEMPERATUR

Wohl jeder hat in der einen oder anderen Weise wahrgenommen, dass es wärmer geworden ist. Dabei ist diese Wahrnehmung eher mit angenehmen Ereignissen assoziiert, wie Biergartenbesuchen bis spät in die Abendstunden, Kulturereignissen im Freien oder auch nur schöne Tage im Garten und im Schwimmbad. Manchmal war es dann aber doch sehr heiß und die Stadt war fast menschenleer. Dramatischer wird uns der Klimawandel jedoch im Winter bewusst, wenn die Älteren erzählen, dass sie in ihrer Jugend regelmäßig zum Skifahren nach Wattendorf gefahren sind oder wir heute mit unseren Kindern sehnsüchtig warten auf einen Tag, um mit dem Schlitten an der Altenburg rodeln zu können. In unserer Wahrnehmung spielen derartige Ereignisse eine bedeutendere Rolle und nicht Mittelwerte, die uns die Wissenschaft präsentiert und für die man kein eigenes Gefühl entwickelt. Da Bamberg keine dramatischen Unwetter aufweist, bleibt meist das angenehme Gefühl des zeitigeren Frühjahrs, der wärmeren Sommerabende und schöner Freizeitereignisse dominierend gegenüber möglichen Ängsten vor dem Klimawandel.

Und in der Tat ist es wirklich so, dass der Anstieg der mittleren Temperatur, der uns in Bamberg Temperaturen beschert, wie sie vor 50 Jahren in den wärmsten Gebieten Deutschlands im Rhein-Main-Gebiet zwischen Karlsruhe und Frankfurt üblich waren, uns den Klimawandel nicht wirklich spürbar machten. Wenn man jedoch sich Extremwerte, Häufigkeiten von Extremwerten und typische jahreszeitliche Abweichungen ansieht, wird auch in unserer Region der Klimawandel sehr deutlich.

Die Wissenschaft untersucht die Veränderung des Klimas mittels Mittelwerte und Summen von meteorologischen Messgrößen. Bereits der Gang der Lufttemperatur für Bamberg verdeutlicht die bereits eingetretene Erwärmung von ca. 2,1 °C für das 30-jährige Mittel 1991–2020 oder für die 10 Jahre 2015–2024 sogar 3,0 °C über dem vorindustriellen Niveau (Abbildung 41). Die letzten Jahre des 19. Jahrhunderts waren in unserer Gegend besonders kühl im Gegensatz zu der globalen Temperatur in diesem Zeitraum. Eine kurzzeitige Erwärmung war am Ende der 1940er Jahre überall durch natürliche Klimaschwankungen zu verzeichnen. Ein merklicher Temperaturanstieg ist aber erst ab etwa 1980 deutlich sichtbar. Gegenwärtig beträgt er fast 0,5 °C pro 10 Jahre.

Bei den Wintertemperaturen (Abbildung 42) sind die Abweichungen von sehr kalten Wintern vom Normalwert deutlich größer als die von sehr warmen Wintern. Ursache ist das Einfließen sehr kalter und trockener sibirischer Kaltluft, die sich dann unter Hochdruckeinfluss und besonders über einer Schneedecke weiter abkühlen kann. Dennoch sind seit mehr als 30 Jahren keine sehr kalten Winter mehr zu verzeichnen und in diesem Zeitraum waren auch die meisten Winter wärmer als der Normalwert 1961–1990. Bei den Sommertemperaturen (Abbildung 43) ist der Temperaturanstieg der letzten 30–40 Jahren besonders deutlich erkennbar. Gerade die sehr warmen Sommer der letzten 10 Jahre zeigen, dass Tempera-

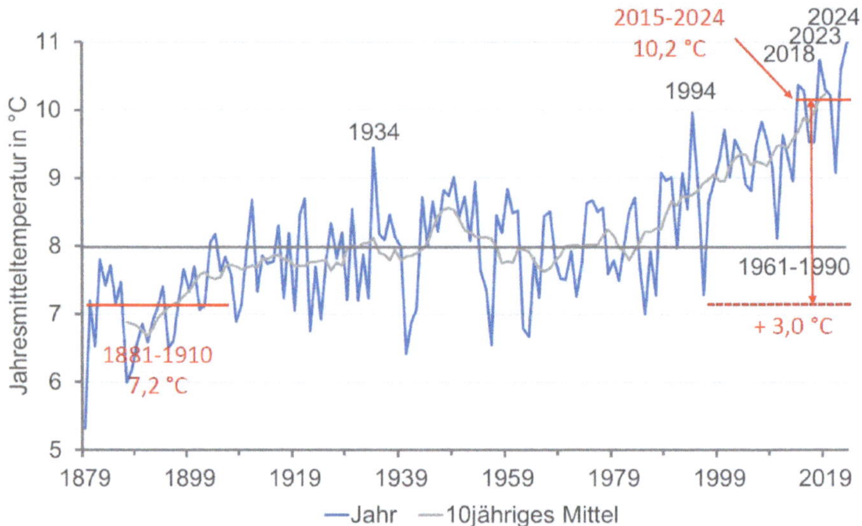

Abbildung 41 Homogenisierte Bamberger Klimareihe 1879–2024 und Normalwert 1961‑1990; Daten: Deutscher Wetterdienst und [29]

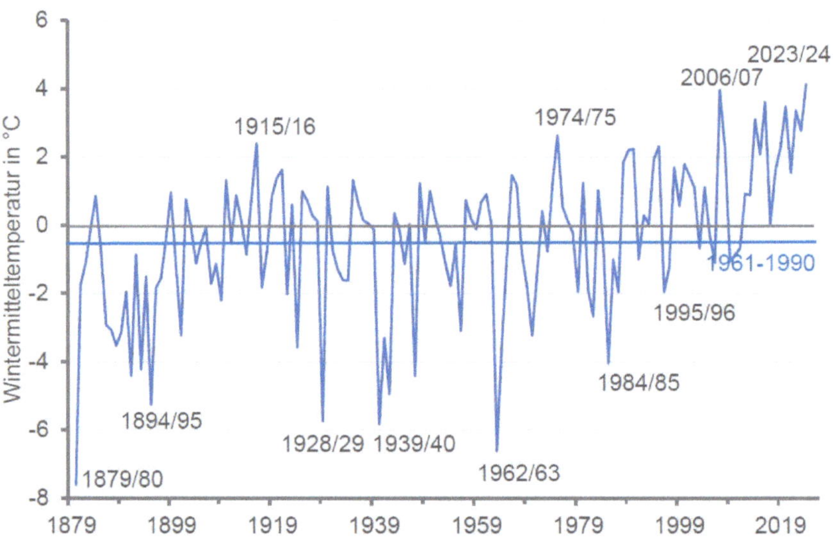

Abbildung 42 Wintertemperaturen (Dezember–Februar) der homogenisierten Bamberger Klimareihe 1879‑2024 und Normalwert 1961‑1990; Daten: Deutscher Wetterdienst und [29]

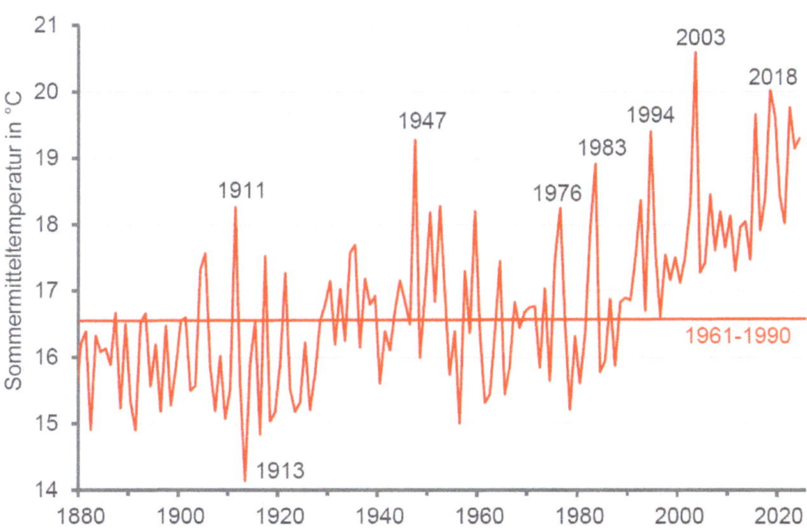

Abbildung 43 Sommertemperaturen (Juni–August) der homogenisierten Bamberger Klimareihe 1879–2024 und Normalwert 1961–1990; Daten: Deutscher Wetterdienst und [29]

raturen, die im 20. Jahrhundert besonders warmen Sommern zugeordnet waren, heute schon völlig normal sind.

Die Deutlichkeit dieses Temperaturanstieges fällt am besten beim Vergleich der Klimadiagramme (Abbildung 15) auf, die heute merkliche Abweichungen gegenüber früheren Klimaperioden zeigen. Die Daten für verschiedene 30-jährige Perioden sind im Anhang angegeben. Abbildung 44 zeigt den Vergleich der letzten 30 Jahre (1991–2020) gegenüber der gegenwärtig gültigen internationalen Vergleichsperiode 1961–1990 für die Änderung der Lufttemperatur und die prozentualen Abweichungen des Niederschlages. Mit Temperaturzunahmen über 1,5 °C in einem 30-jährigen Zeitabschnitt heben sich der Januar, der April und die Sommermonate Juli und August hervor. Der Niederschlag hat vor allem im April abgenommen – um 28% – und es gibt eine Verschiebung des Sommerniederschlages von Juni zum Juli, der eine Zunahme von knapp über 30% aufweist.

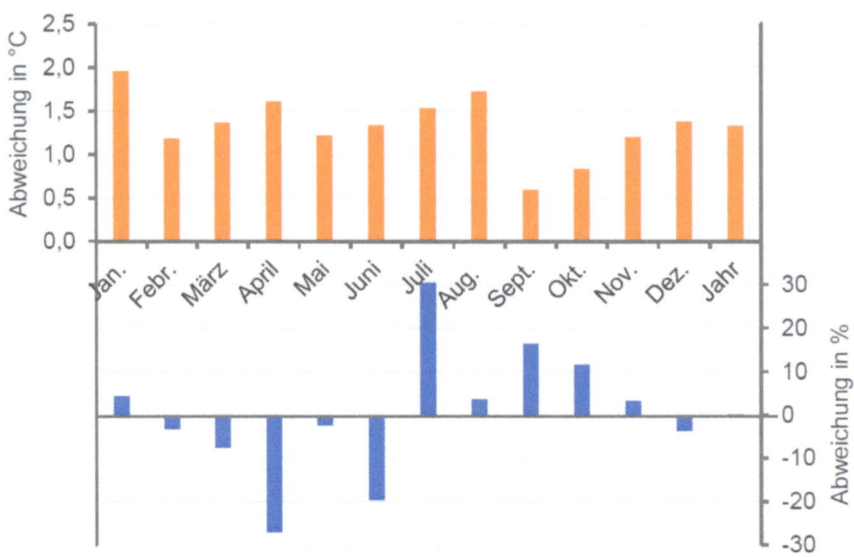

Abbildung 44 Abweichungen der Lufttemperatur und des Niederschlages zwischen der Klimanormalperiode 1961–1990 (gegenwärtige internationale Referenzperiode) und der Periode 1991–2020 auf der Grundlage der homogenisierten Bamberger Klimareihe. Daten: Deutscher Wetterdienst und [29]

Die Dramatik der Klimaerwärmung wird noch deutlicher bei der Gegenüberstellung der ersten möglichen Klimanormalperiode für Bamberg von 1881–1910, der letzten Periode von 1991–2020 und der internationalen Normalperiode 1961–1990 (Abbildung 45). Die Erwärmung in den 80 Jahren von 1881–1910 (vorindustrielles Niveau) bis 1961–1991 ist nur in den Monaten Januar, März und Dezember größer 1°C. Die Jahresmitteltemperatur hat um knapp 0,77 °C zugenommen. Demgegenüber ist die Zunahme der Jahresmitteltemperatur in den letzten 30 Jahren (1991–2020 gegenüber 1961–1990) von 1,33 Grad deutlich größer. Das bedeutet eine Erwärmung von 2,1 °C für Bamberg seit Beginn der Wetteraufzeichnungen. Besonders groß ist die Erwärmung im Januar mit +3,1 °C. Dies entspricht für den Januar einer Verschiebung der Nullgradgrenze um 500 m in den letzten etwas mehr als 100 Jahren. Deutliche Zunahmen gab es in den Frühjahrsmonaten März und April um je +2,4 °C. Aber auch der Au-

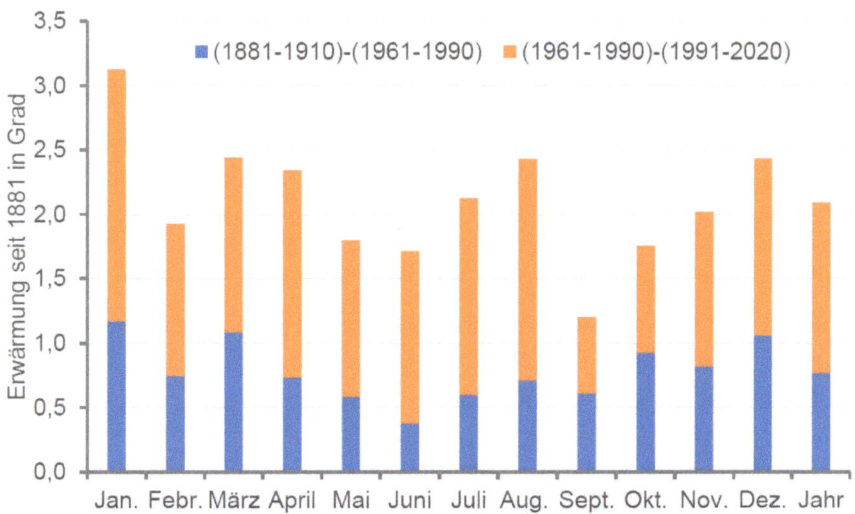

Abbildung 45 Abweichungen der Lufttemperatur zwischen der Klimanormalperiode 1961–1990 (gegenwärtige internationale Referenzperiode) und den Periode 1881–1910 (blau) und 1991–2020 (rot) auf der Grundlage der homogenisierten Bamberger Klimareihe. Die gesamte Temperaturzunahme seit Beginn der Messungen in Bamberg ergibt sich aus der Summe der beiden Säulen. Daten: Deutscher Wetterdienst und [29]

gust ist um den gleichen Betrag wärmer geworden. Die geringste Abweichung hat der September (+1,2 °C).

Dennoch zeigen derartige Darstellungen kaum die Dramatik des schon eingetretenen Klimawandels. Die erheblichen Veränderungen sieht man besser an den nachfolgend gezeigten drei wichtigen Größen: Extremtemperaturen, Schneedeckenentwicklung und Trockenheit.

EXTREMWERTE DER LUFTTEMPERATUR

Das Temperaturempfinden des Menschen hängt nicht nur von der Temperatur, sondern auch von der Windgeschwindigkeit, der Sonneneinstrahlung und der Luftfeuchte ab. Um die unterschiedlichen Wirkungen auf das

Wohlbefinden des Menschen abzuschätzen, arbeiten bereits seit etwa 50 Jahren Meteorologen und Mediziner eng zusammen. In Deutschland wurde der sogenannten „Klimamichel" [63] entwickelt, der einen Menschen mittlerer Konstitution darstellt und für den eine komplette Energiebilanz berechnet wird, die dann mit Empfindungsstufen verbunden wird. Im Laufe der Entwicklung der Indizes wurden diese so definiert, dass sie Lufttemperaturen zugeordnet werden können, ab denen ein Hitze- oder Kältestress vorhanden ist. Gegenwärtig wird verbreitet der Universelle Thermische Klimaindex (Universal Thermal Climate Index, UTCI) angewandt [64], der auch in deutsche Richtlinien zur thermischen Belastung des Menschen Eingang gefunden hat [65] und in Tabelle 3 dargestellt ist. Die Temperaturangaben sind die sogenannte „gefühlte Temperatur", die auch vom Deutschen Wetterdienst bei Hitzewarnungen verwendet wird, und im Schatten und bei Windstille der Lufttemperatur entspricht. In der

Tabelle 3 Grenzen der thermischen Belastung nach dem UTCI-Index [64, 65]

UTCI Bereich (°C)	*Belastungskategorie*	*Einteilung in der Meteorologie*
> 46	extreme Wärmebelastung	
$38 < UTCI \leq 46$	sehr starke Wärmebelastung	Sehr heißer Tag Maximum $\geq 35\,°C$
$32 < UTCI \leq 38$	starke Wärmebelastung	Heißer Tag bei Maximum $\geq 30\,°C$
$26 < UTCI \leq 32$	moderate Wärmebelastung	Sommertag bei Maximum $\geq 25\,°C$
$9 \leq UTCI \leq 26$ [*]	keine Belastung	
$9 > UTCI \geq 0$	geringe Kältebelastung	
$0 > UTCI \geq -13$	moderate Kältebelastung	Frosttag bei Minimum $< 0\,°C$
$-13 > UTCI \geq -27$	starke Kältebelastung	Eistag bei Maximum $< 0\,C$
$-27 > UTCI \geq -40$	sehr starke Kältebelastung	
< -40	extreme Kältebelastung	

[*] der Unterbereich $18 \leq UTCI \leq 26$ beschreibt den thermischen Komfortbereich

Sonne ist die gefühlte Temperatur höher und bei stärkerem Wind niedriger als die Lufttemperatur. Dabei wird der Bereich von 18 bis 26 °C als Komfortbereich bezeichnet, in dem man sich bei leichter Bekleidung wohl fühlt. Selbst bis 9 °C empfindet man bei entsprechender Kleidung noch keine thermische Belastung. Während man sich bei niedrigeren Temperaturen durch entsprechende Kleidung relativ gut schützen kann, sind dem „Ausziehen" bei höheren Temperaturen recht schnell Grenzen gesetzt. Somit nimmt die Belastung bei Temperaturen über 26 °C relativ schnell zu und ist auch mit gesundheitlichen Auswirkungen und einem erhöhtem Mortalitätsrisiko verbunden.

In der Meteorologie werden bei den Extremtemperaturen sogenannte „Sommertage" (Maximum der Lufttemperatur gleich oder größer 25 °C) und „Heiße Tage" (Maximum der Lufttemperatur gleich oder größer 30 °C) unterschieden. Bedingt durch den Klimawandel sollte man noch „Sehr heiße Tage" (Maximum der Lufttemperatur gleich oder größer 35 °C) hinzufügen, die es vor 40 Jahren in unserer Region noch gar nicht gab. Die entsprechenden Daten sind für die letzten 60 Jahre in Abbildungen 46 bis

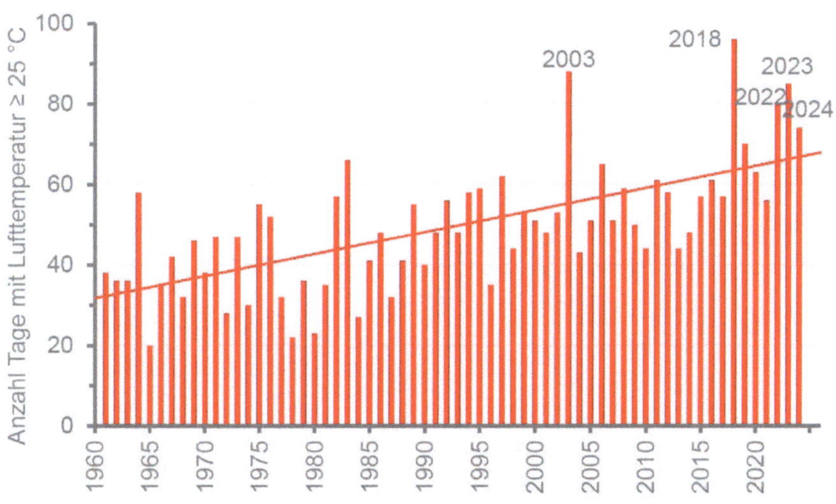

Abbildung 46 Anzahl der Tage mit Maximum der Lufttemperatur ≥ 25 °C (Sommertage) in Bamberg 1960–2024. Daten: Deutscher Wetterdienst

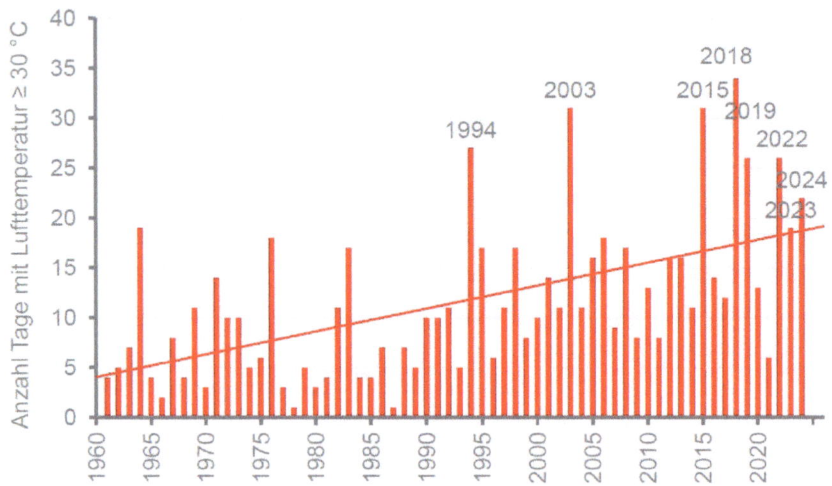

Abbildung 47 Anzahl der Tage mit Maximum der Lufttemperatur $\geq 30\,°C$ (heiße Tage) in Bamberg 1960–2024. Daten: Deutscher Wetterdienst

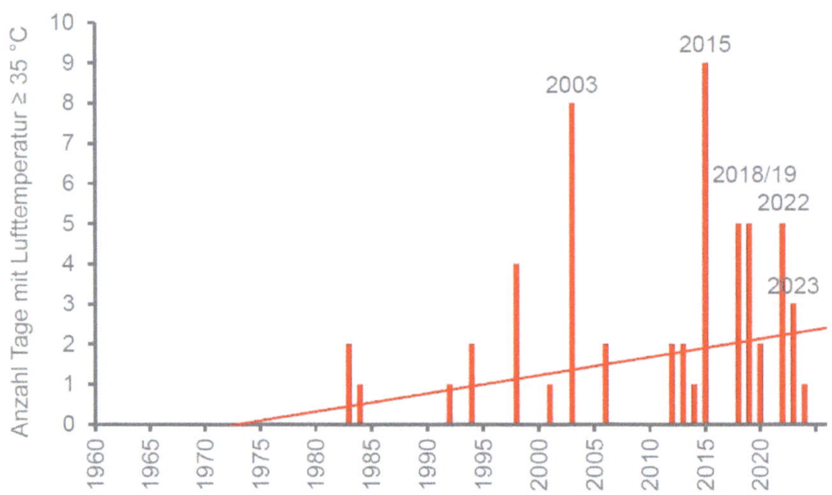

Abbildung 48 Anzahl der Tage mit Maximum der Lufttemperatur $\geq 35\,°C$ (sehr heiße Tage) in Bamberg 1960–2024. Daten: Deutscher Wetterdienst

48 dargestellt. Es kann eine Zunahme der Sommertage in den letzten 60 Jahren von ca. 30 auf jetzt 60 Tage, der heißen Tage von 5 auf 15 Tage und der sehr heißen Tage von 0 auf mindestens 2 Tage konstatiert werden.

Es gibt noch einen weiteren Tag, den die Meteorologen speziell ausweisen, die sogenannten Tropennacht mit einem Lufttemperaturminimum in der Nacht gleich oder über 20 °C. Derartige Tage sind an der Wetterstation Bamberg äußerst selten, da sie in einem Gebiet mit starker Kaltluftbildung und Kaltluftzufluss liegt. Für das Stadtgebiet sind sie durchaus typisch (siehe S. 63–65), da dort die nächtlichen Minima zum Teil mehr als 5 °C höher liegen. In Tropennächten kann man davon ausgehen, dass bei den meisten Menschen ein ruhiger Schlaf nachhaltig gestört wird. Tabelle 4 zeigt für die genannten Extremwerte die Unterschiede zwischen der Wetterstation Bamberg und der Innenstadt.

Tabelle 4: Besondere Tage in Bamberg: Sommertage, heiße Tage, sehr heiße Tage und Tropennächte. Daten. Deutscher Wetterdienst, Bürgerverein Bamberg-Mitte e. V.

Bezeichnung	*Kriterium*	*Wetterstation Bamberg*	*Innenstadt*[*)]
2022			
Sommertage	Maximum $\geq$ 25 °C	80	92
heiße Tage	Maximum $\geq$ 30 °C	26	41
sehr heiße Tage	Maximum $\geq$ 35 °C	5	6
Tropennächte	Minimum $\geq$ 20 °C	0	13
2023			
Sommertage	Maximum $\geq$ 25 °C	83	88
heiße Tage	Maximum $\geq$ 30 °C	19	35
sehr heiße Tage	Maximum $\geq$ 35 °C	3	5
Tropennächte	Minimum $\geq$ 20 °C	0	14
2024			
Sommertage	Maximum $\geq$ 25 °C	74	90
heiße Tage	Maximum $\geq$ 30 °C	22	40
sehr heiße Tage	Maximum $\geq$ 35 °C	1	2
Tropennächte	Minimum $\geq$ 20 °C	0	13

[*)] Daten des Bürgervereins Bamberg-Mitte für die innere Inselstadt (Gebiet zwischen Vorderer Graben, Promenadenstraße, Lange Straße), Daten liegen erst ab Frühjahr 2022 nach der Crowdsourcing-Methode. Bearbeitung: T. Foken

Da die in der Innenstadt gemessenen Maxima der Lufttemperatur um 1–3 °C höher sind als an der Wetterstation Bamberg ist auch die Wärmebelastung nach Tabelle 3 entsprechend höher. Besonders belastend sind die Tropennächte, immerhin in den letzten Jahren etwa zwei Wochen im Sommer. Ab etwa 26 °C erhöht sich das Mortalitätsrisiko und nimmt ab 32 °C deutlich zu, wovon die Stadtbevölkerung besonders betroffen ist. In Deutschland werden jährlich etwa 2.000 und in den besonders heißen Sommern (2003, 2008, 2020, 2015, 2018, 2019, 2020, 2022, 2023) 5000–10.000 Hitzetote [66, 67] registriert, wobei Bamberg als eine der wärmsten Städte in Bayern sicher auch entsprechend betroffen ist, so 2022 mit 30 Toten (Fränkischer Tag online, 30.12.2024). Diese Daten enthalten keine Toten durch COVID-19. Die Öffentlichkeit hat diese Zahlen kaum wahrgenommen, da die meisten Menschen noch vor der Einlieferung in eine Intensivstation sterben.

Die Meteorologie betrachtet aber auch negative Extremtemperaturen. Dazu gehört der Frosttag, wenn die Minimum-Temperatur unter 0 °C liegt, und der Eistag, wenn auch die Maximum-Temperatur unter 0 °C liegt. In der nachfolgenden Analyse wurde auch ein sehr kalter Tag einbezogen, wenn die Minimum-Temperatur kleiner oder gleich −10 °C ist. Während die Hitze-Extreme eher durch warme Luftmassen und starke Sonneneinstrahlung, also Größen, die sich durch den Klimawandel durchaus verändern, hervorgerufen werden, sind sehr niedrige Temperaturen durch die lokalen Verhältnisse bestimmt. Das Einströmen sibirischer Kaltluft, die in den 1960er Jahren noch verbreitet Minima unter −20 °C brachte, findet in den letzten 30 Jahren kaum mehr statt. Derartige Luftmassen erreichen nur noch den Osten Ungarns. Eine gewisse Gefahr besteht jedoch: Durch den sehr warmen Atlantik strömt sehr warme Luft in die Arktis. Im Gegenzug kommt im Osten Sibiriens extrem kalte Luft nach Süden, so dass in den letzten Jahren dort immer wieder negative Temperaturrekorde gemessen wurden. Falls diese Luft an der Südflanke eines kräftigen Hochdruckgebietes über Nordosteuropa zu uns gelangt, wie im Februar 2021 geschehen, kann es durchaus nochmals recht kalt werden. Gegenwärtig kann man noch nicht sagen, ob sich derartige Situationen in der Zukunft häufen werden.

Von Ende Oktober bis Anfang März ist die Einstrahlung von der Sonne so gering, dass sie nicht ausreicht, um die nächtliche Abkühlung bei klarem Himmel zu kompensieren. Haben wir keine Wolken, so kann Wärmestrahlung von der Erdoberfläche ungehindert in höhere Atmosphärenschichten gelangen. Falls es dazu noch eine Schneedecke gibt, ist die Abstrahlung besonders stark, da Schnee ein effektiver langwelliger Strahler ist, die Physiker nennen dies „Schwarzer Körper", und dazu noch ein Isolator, der einen Wärmeübergang aus dem Boden verhindert. Dies sind Eigenschaften, die die Inuit beim Iglubau optimal ausnutzen. Ob es in einer Nacht sehr kalt wird, hängt also wesentlich von der Bewölkung ab und bei klarem Himmel und Schnee sind Temperaturen unter $-10\ °C$ an der Tagesordnung. Die Sonnenstrahlung am Tag reicht dann nicht aus, dass das Thermometer über $0\ °C$ steigt.

Wir haben im Zeitraum 1960–2020 im Mittel knapp 100 Tage im Jahr mit Frost. In den letzten beiden Jahren 2023 und 2024 waren es aber nur 73 bzw. 71 Tage. Die letzten Frosttage sind im Mai und im Jahr 1962 gab es sogar im Juni zwei Frosttage. Der erste Frost tritt Ende September ein, in der Regel aber im Oktober. Somit sind nur die Monate Juni bis August frostfrei. In Bodennähe kann es schon einmal Ende August leichten Frost geben. Bei den Frosttagen, die wie oben gesagt eher lokal durch die Bewölkungsverhältnisse bestimmt werden, lässt sich kein Trend ableiten, das gilt auch für Frosttage in den einzelnen Monaten. Dennoch merkt man, dass es insgesamt wärmer geworden ist und wärmere Luftmassen auch im Winter zu uns gelangen. Die Zahl der Eistage mit ganztägig Frost sind von 1960 bis 2020 von 25 auf 10 Tage zurückgegangen. Ähnlich verhält es sich mit den Tagen mit sehr starkem Frost, die von ca. 15 auf 5 Tage zurückgegangen sind. Dies ist eng verbunden mit nicht mehr so niedrigen Temperatur-Minima (Abbildung 49).

Was sich eher unerwartet bei der Analyse ergab, ist die Tatsache, dass die Jahre mit ausgeprägten Eisheiligen zugenommen haben. Eisheilige sind ein Witterungsphänomen Anfang bis Mitte Mai, wenn nach dem Durchzug eines kräftigen Tiefdruckgebietes sehr trockene und kalte arktische Luft nochmals in unser Gebiet strömt und dann unter Zwischenhocheinfluss kommt, d. h. es klart in den Nächten plötzlich auf und die Temperatur kann unter den Gefrierpunkt sinken. Immerhin hat die Anzahl der

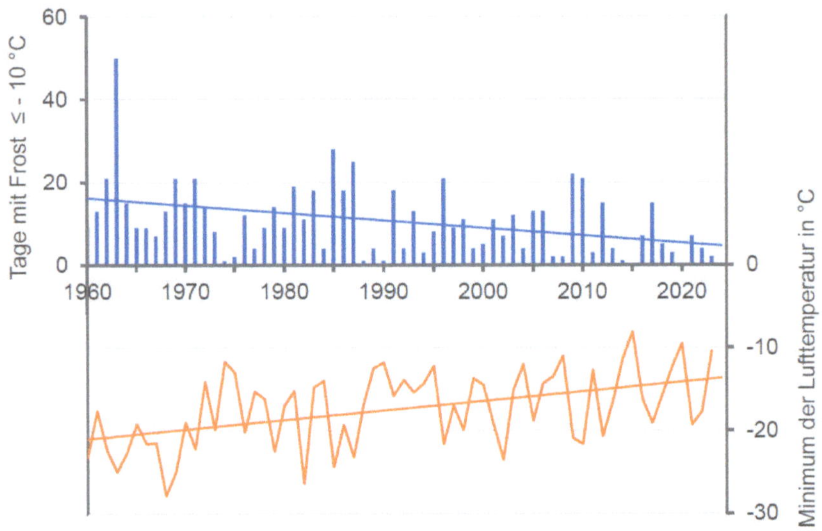

Abbildung 49 Zahl der Tage mit starkem Frost ≤ -10 °C und das Minimum der Lufttemperatur der Jahre 1960–2023 in Bamberg. Daten: Deutscher Wetterdienst

Frosttage im Mai von etwa 1 (1960) auf mehr als 3 (2020) zugenommen (Abbildung 50). Dies lässt sich nicht durch die Stationsverlegung im Jahr 2008 erklären, denn die Minima in den letzten Jahren waren deutlich niedriger als die mögliche Differenz der Temperaturen zwischen den beiden Standorten. Auffällig ist, dass die Eisheiligen in den letzten Jahren über mehrere aufeinander folgenden Tage andauerten und nicht mehr nur an einzelnen Tagen aufgetreten sind. Dies kann damit in Zusammenhang stehen, dass nach dem Durchzug eines Tiefdruckgebietes und dem Einfließen arktischer Kaltluft, der in der Regel nur kurze Zwischenhocheinfluss durch eine länger anhaltende Hochdruckwetterlage abgelöst wurde. Die Luft erwärmte sich zuerst nur langsam, bis die nächtlichen Temperaturen nach ausreichender Feuchteanreicherung der Luft und Erwärmung am Tage nicht mehr unter 0 °C fielen. Diese Erkenntnis wird bestätigt durch eine kürzlich erschienene Publikation zu Spätfrostereignissen, die für Europa eine deutliche Zunahme aufzeigt [68].

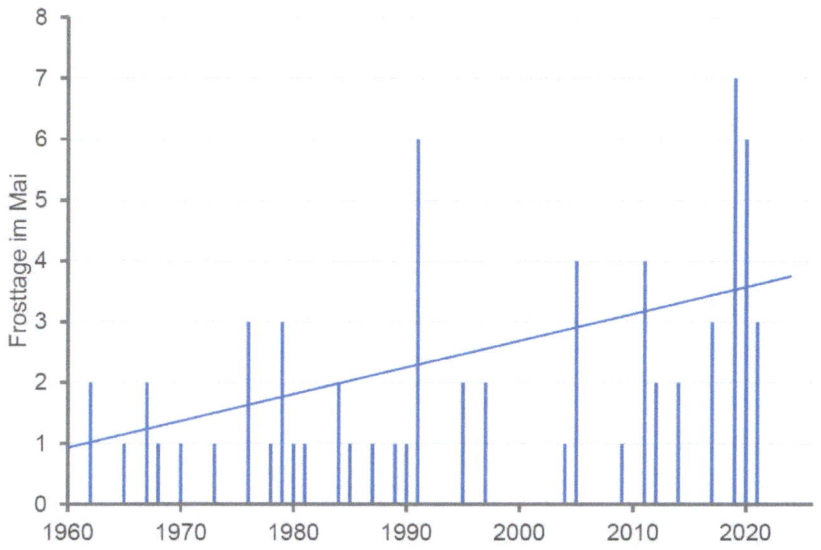

Abbildung 50 Zahl der Frosttage im Mai 1960–2024 in Bamberg, Eisheilige. Daten: Deutscher Wetterdienst

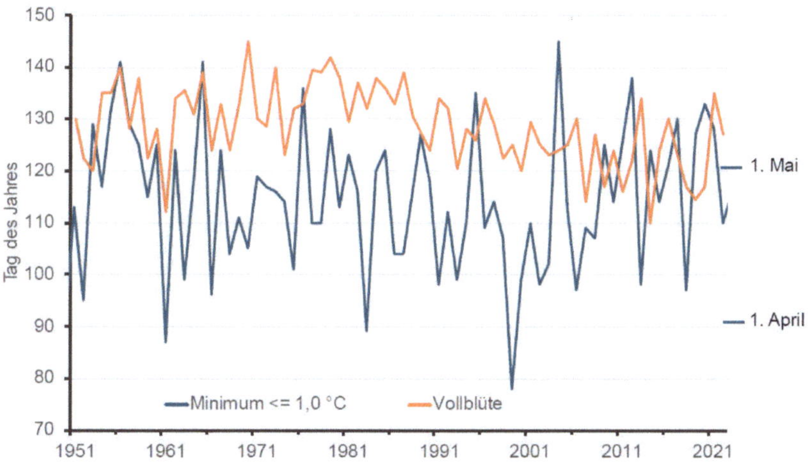

Abbildung 51 Zeitpunkt des letztes Spätfrostereignisses (Minimum ≤ -1 °C) und des Medians der Vollblüte des Apfels in der Region Bamberg 1951–2022. Daten: Deutscher Wetterdienst, Bearbeitung der Daten der Apfelblüte durch A. Menzel, TU München.

Dieser Trend ist dramatisch für den Obst- und Weinbau auch in unserer Gegend, denn die Blüte beginnt in der Regel zwei Wochen früher als in der Vergangenheit. Der Austrieb an den Weinstöcken ist von Ende April im Jahr 1990 inzwischen schon auf Mitte April verfrüht. Bis etwa 2010 war das letzte Spätfrostereignis meist zeitiger, in den letzten 10 Jahren aber deutlich später. In Abbildung 51 wird das Problem an der Vollblüte des Apfels gezeigt. Bis 2005 war die Apfelblüte in der Region Bamberg meist Mitte Mai und damit deutlich später als das letzte Frostereignis. Danach fallen Frostereignisse und Vollblüte Ende April bis Anfang Mai häufig zusammen und 2024 führte das zum vollständigen Ausfall der Apfelernte.

HÖHE DER SCHNEEDECKE

Wenn man sich die Messdaten ansieht, so war das eingangs genannte Skigebiet vor den Toren Bambergs in Wattendorf vor 30 Jahren noch Realität und heute spricht schon keiner mehr davon. Dies sind die sogenannten Kipppunkte (Anmerkung: Auf den Begriff Kipppunkt [62, 69] soll im Folgenden verzichtet werden, da die Definition für die hier genannten Beispiele nicht exakt zutrifft, die wissenschaftliche Diskussion noch anhält und vielleicht die Verwendung des Begriffes der Belastungsgrenzen [70] zielführender ist), an denen sich durch den Klimawandel plötzlich etwas ändert und dann auch nicht wiederkehrt. Einzelne Ausnahmen sind beim Schnee möglich, insbesondere, wenn es durch spezielle Wetterlagen zu langanhaltenden starken Schneefällen kommt, doch die gleichmäßigen und häufigen Schneefälle sind nicht mehr die Realität. Die zusätzliche Energie durch den anthropogenen Treibhauseffekt erwärmt zu 93 Prozent die Ozeane und für die Atmosphäre bleiben gerade einmal ein Prozent, obwohl wir in der Atmosphäre die Erwärmung quantitativ am besten feststellen können. Der heute deutlich wärmere Nordatlantik und der Rückgang der arktischen Eisbedeckung führen dazu, dass im Dezember weite Teile des Ozeans zwischen Ostgrönland und Spitzbergen noch eisfrei sind. Die maritime Polarluft, die über den Nordatlantik und die Nordsee nach

Deutschland strömt, ist heute deutlich wärmer als vor 30 bis 50 Jahren und in den Tiefdruckgebieten, die diese Luft nach Mitteleuropa führen, herrscht eher Regen als Schneefall vor.

Im Binnentiefland tritt Schneefall heute vorwiegend bei arktischer Polarluft auf, die den direkten Weg östlich der skandinavischen Gebirge nimmt. Sie ist zwar relativ trocken, doch wenn sie sich über Mitteleuropa mit feucht-warmer Mittelmeerluft mischt, kommt es zu ergiebigen Schneefällen und sogar zu katastrophalen Nassschneefällen. Somit bringen uns die für unsere Region typischen Tiefdruckgebiete aus westlichen Richtungen im Tiefland kaum noch Schneefälle. Allerdings ist zunehmend zu beobachten, dass im Spätwinter (Februar bis März) die Schneefälle zunehmen, während sie im Frühwinter (November bis Dezember) abnehmen, da sich dann der Nordatlantik doch stärker abgekühlt hat bzw. dass kältere Luft aus Sibirien einfließt. Kritisch sind die Schneefälle im März, da die Vegetationsperiode oft schon Ende Februar beginnen kann.

Und es gibt noch einen zweiten Fakt, der für weniger Schnee bei uns spricht. Die Temperatur nimmt bei uns um 0,6 °C pro 100 Meter Höhe ab. Somit ist heute die Null-Grad-Grenze bei gegebener Wetterlage etwa 300 Meter höher als vor 30 bis 50 Jahren. Dies bedeutet, dass die Häufigkeit von Schneefällen gerade im Binnentiefland abgenommen hat, was an den Daten aus Bamberg und Wattendorf auf der Albtrauf sehr gut ersichtlich ist.

Abbildung 52 zeigt die Abnahme der Tage mit einer Schneedecke von 1 cm und mehr in den letzten 60 Jahren für Bamberg und ab 1980 für Wattendorf (525 m NHN), da vorher keine Daten vorliegen. In den letzten 40 Jahren haben die Schneedeckentage in Bamberg von 40 auf unter 20 abgenommen und in Wattendorf von 80 auf 40 Tage. Vergleicht man den Zeitraum von 1960–70 in Bamberg mit dem von 2010–20 in Wattendorf, so folgt, dass in Wattendorf gegenwärtig Schneeverhältnisse herrschen, wie sie vor 50 Jahren noch für Bamberg typisch waren. Das untermauert die These von der immer höheren Null-Grad-Grenze im Winter durch den Klimawandel.

Schneedeckenhöhen gleich oder größer 15 cm sind in Bamberg eher ein singuläres Ereignis (Abbildung 53). Die fast 300 m Höhenunterschied zeigen für Wattendorf ein völlig anderes Bild. Diese Schneehöhen sind

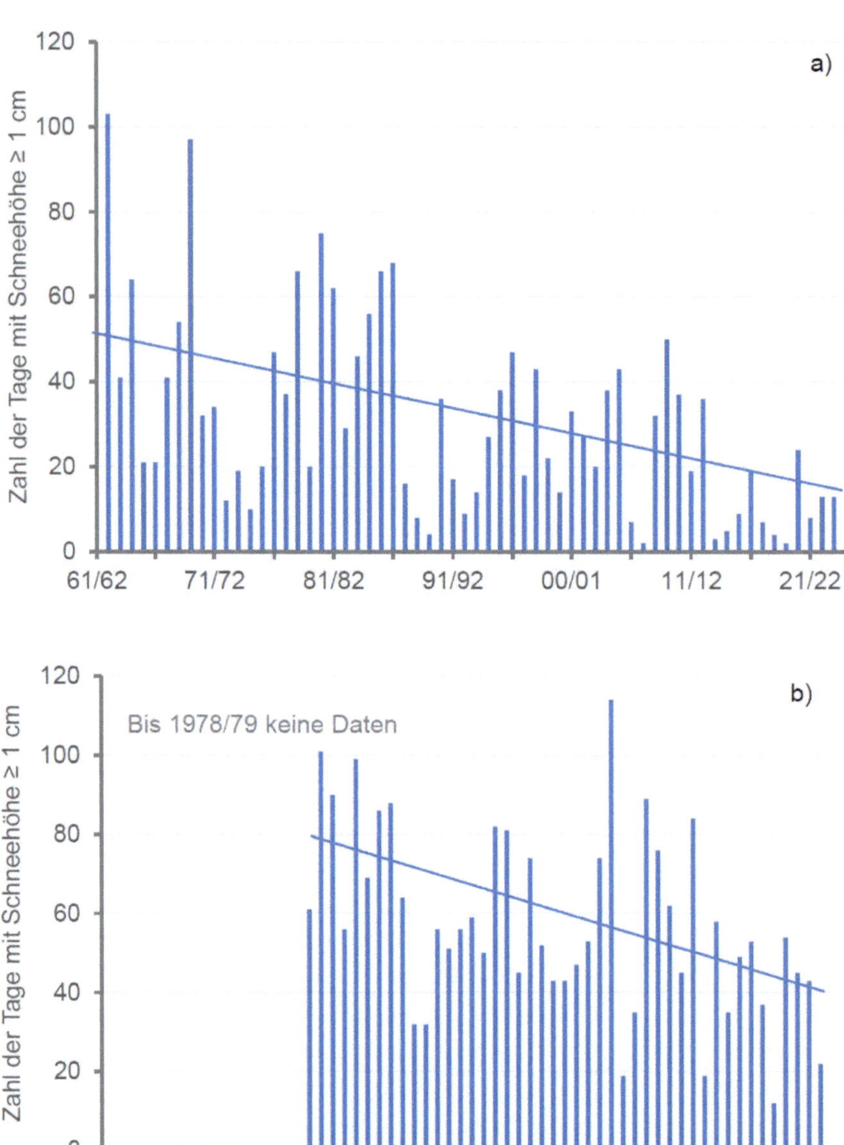

Abbildung 52 Zahl der Tage mit einer Schneedecke ≥ 1 cm Höhe in Bamberg (a) und Wattendorf (b) für die Winter 1962/63 bis 2023/24. Daten: Deutscher Wetterdienst

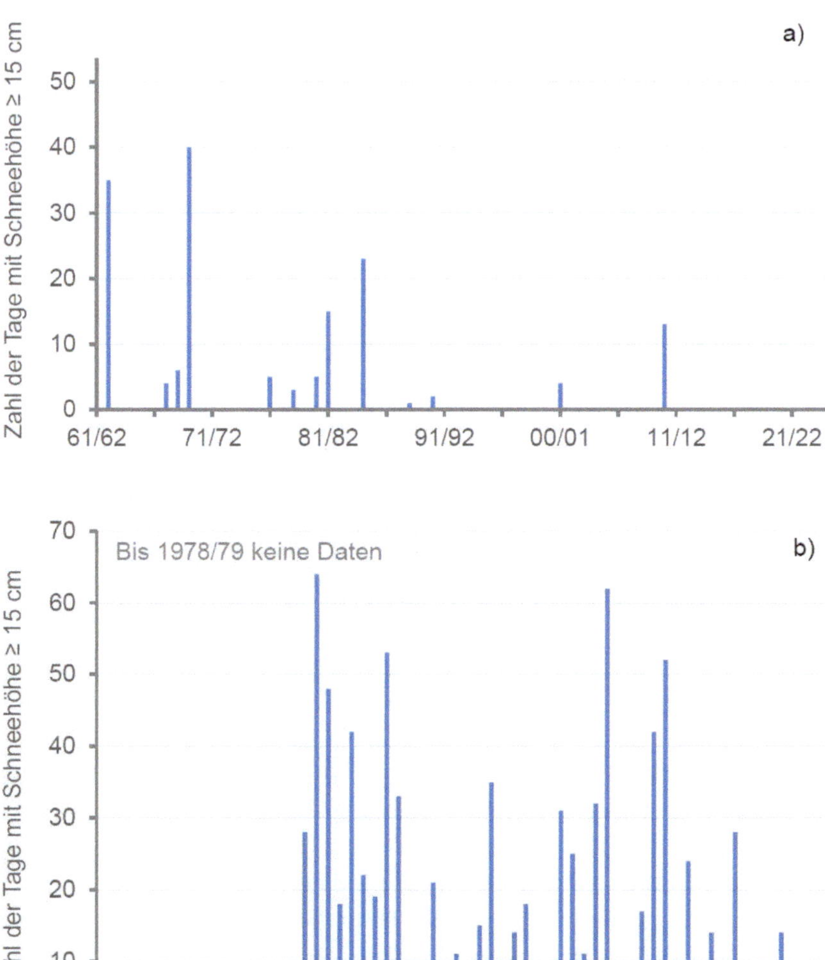

Abbildung 53 Zahl der Tage mit Schneedecke ≥ 15 cm Höhe in Bamberg (a) und Wattendorf (b) für die Winter 1962/63 bis 2023/24. Daten: Deutscher Wetterdienst

doch eher häufig und in den 1980er Jahren gab es sogar in jedem Jahr mindestens einen Monat mit besten Langlaufbedingungen In den folgenden Jahren ist das nicht mehr jedes Jahr gegeben. Der beachtliche Unterschied erklärt sich auch dadurch, dass durch die niedrigeren Temperaturen (etwa 2 °C) in Wattendorf die Perioden mit Tauwetter kürzer sind und nicht die gesamte Schneedecke abtaut, so dass unter dem Neuschnee noch eine Altschneedecke erhalten bleibt.

Somit bleibt den Wintersportlern nur der Blick in die nahen Mittelgebirge Thüringer Wald und Fichtelgebirge, wo die Wintersportgebiete nochmals bis zu 300 m höher liegen. Beim Vergleich von Abbildung 52b mit Abbildung 54a kann man ganz grob sagen, dass sich das Bild für Schneedeckenhöhen von ≥ 1 cm sehr dem Bild von Fichtelberg-Hüttstadl (Fichtelgebirge) in 650 m NHN ähnelt, allerdings für Schneedecken gleich oder größer 15 cm. Es gibt aber immer auch wieder Jahre im Fichtelgebirge, in denen Schneehöhen von gleich oder größer 15 cm eher Mangelware sind, so im Winter 2019/20 lediglich ein Tag. Tage für Abfahrtslauf ohne künstliche Beschneiung (gleich oder größer 30 cm Schneehöhe) haben eine hohe Variabilität. Dennoch ist der deutliche Rückgang der Schneedecke im Fichtelgebirge (650 m über NHN) bereits augenfällig (Abbildung 44) [71]. Die Zahl der Tage mit Schneedecke gleich oder größer 15 cm ist den letzten 60 Jahren von 80 auf 40 Tage zurückgegangen. Für Schneedecken gleich oder größer 30 cm zeigt sich ein Rückgang vom 45 auf 20 Tage. Auch die Schneesicherheit, d. h., wenn der kälteste Monat eine mittlere Lufttemperatur gleich oder kleiner $-3{,}0$ °C aufweist [72], ist merklich zurückgegangen. Lag 1961–1990 die mittlere Januartemperatur in Fichtelberg-Hüttstadl (654 m NHN) noch bei $-3{,}4$ °C so betrug sie 1971–2000 nur noch $-2{,}6$ °C. Schneesicherheit herrscht gegenwärtig nur noch in Höhen oberhalb 800–1000 m NHN. Vor 60 Jahren war die Grenze noch bei 500–600 m. Diese Grenze der Schneesicherheit ist sehr deutlich erkennbar bei einer Fahrt ins Mittelgebirge. Ab einer bestimmten Höhe findet man plötzlich eine geschlossene Schneedecke. Unterhalb dieser Höhe sind, wie schon oben gezeigt, die Tauphasen so lang, dass immer wieder die gesamte Schneedecke abtaut und keine Akkumulation mehr stattfinden kann. Beim Vergleich mit der Entwicklung bei den Schneeverhältnissen in Wattendorf, kann man wegen der gegenwärtigen Tempera-

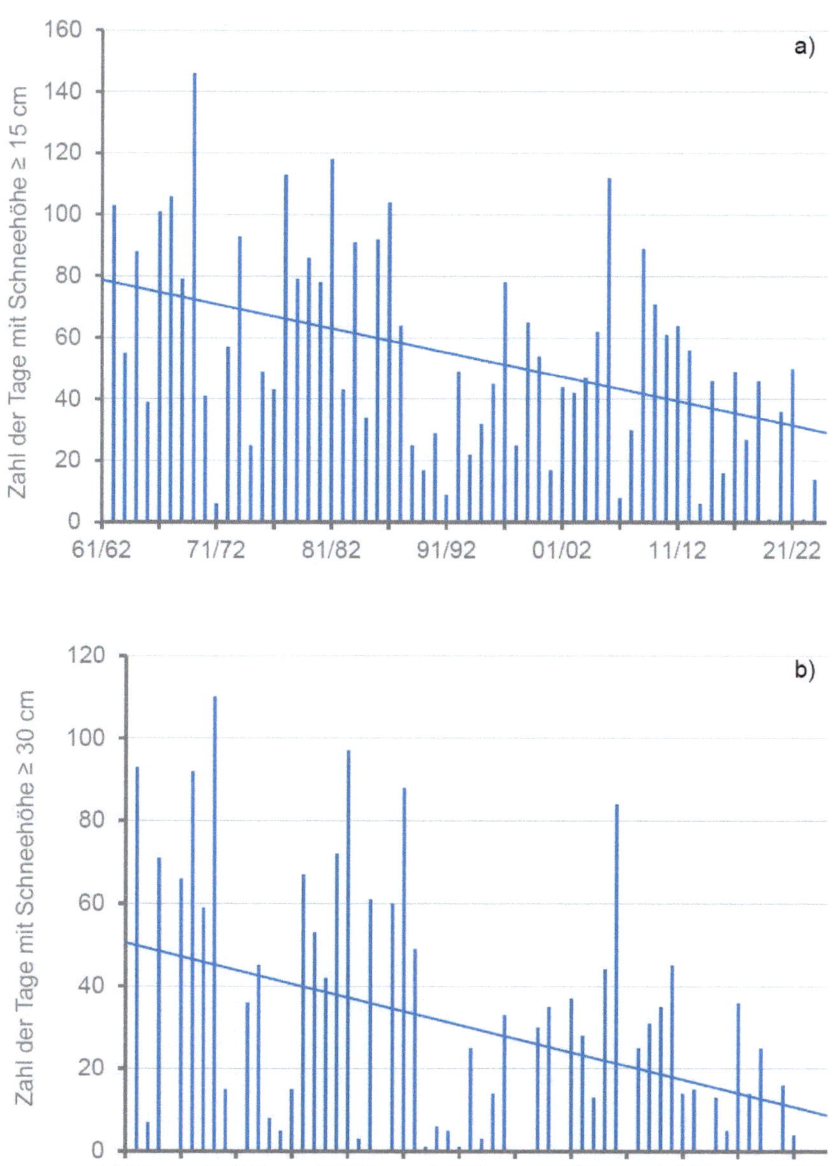

Abbildung 54 Zahl der Tage mit Schneedecke ≥ 15 cm Höhe (a) und ≥ 30 cm Höhe (b) in Fichtelberg-Hüttstadl (Fichtelgebirge) für die Winter 1961/62 bis 2023/24, 650 m NHN. Daten: Deutscher Wetterdienst

turzunahme von 0,4–0,5 °C in 10 Jahren vorhersagen, dass in 20–30 Jahren in Fichtelberg die Schneeverhältnisse anzutreffen sind, wie sie heute für Wattendorf typisch sind, das heißt, die Fahrt ins Mittelgebirge zum Skifahren lohnt sich nur in einzelnen Jahren und dann auch nur für kurze Zeit. Wintersport gehört dann in Oberfranken zur Geschichte.

Das hat beachtliche Folgen für den Wintertourismus. Während vor 30–40 Jahren im Mittelgebirge nahezu immer 2–3 Monate mit annehmbarer Schneedecke vorhanden waren, ist es jetzt kaum mehr ein Monat. Damit wird man nur dann ins Fichtelgebirge oder den Thüringer Wald zum Wintersport fahren, wenn wirklich Schnee liegt. Winterurlaub wird somit eher weniger langfristig gebucht. Hier haben Orte das Nachsehen, die sich nicht vor ca. 20 Jahren auf andere Aktivitäten auch für den Winter orientiert haben [73]. Da sich die Tendenz der steigenden Temperaturen fortsetzt, wird man in 10–20 Jahren bei der jetzt vorhandenen Abnahme der Schneedeckentage in deutschen Mittelgebirgen außer in den Hochlagen des Bayerischen Waldes und des Schwarzwaldes keine Wintersportgebiete mehr finden, abgesehen von weißen Bändern im grünen Rasen. Ebenfalls eine Veränderung mit regionalen wirtschaftlichen Folgen. Nicht ausgeschlossen ist, dass es in einzelnen Jahren doch noch einmal eine ansehnliche Schneedecke gibt. Das war im Winter 2005/06 der Fall und die Politik hat sogleich den Bau von Liften und Beschneiungsanlagen gefördert. Als dann im Folgewinter die Beschneiungsanlage am Ochsenkopf eingeweiht werden sollte, waren die Temperaturen so hoch, dass dieser nicht einmal in Betrieb genommen werden konnte. Das kurioseste Beispiel war aber ein Skiliftbau am Staffelberg.

Schneefall verbindet man immer wieder mit „Weißen Weihnachten“. Der Meteorologe bezeichnet solche, wenn mindestens an einem der Tage vom 24. bis 26 Dezember 1 cm Schnee liegt. Dabei ist ein derartiges Ereignis in Deutschland relativ selten. In Bamberg liegt die Häufigkeit etwa bei 20–30%, in den Mittelgebirgen bei 30–40%. Eingedenk der Tatsache, dass die stärkere Erwärmung durch den Klimawandel erst etwa 1980 einsetzte, so sind „Weiße Weihnachten“ ein eher seltenes Ereignis. Abbildung 55 zeigt die „Weißen Weihnachten“ für Bamberg und Wattendorf, wobei letztmalig an beiden Orten 2010 „Weiße Weihnachten“ waren. Wenn in Bamberg nur an einem Tag Schnee lag, dann waren es in Watten-

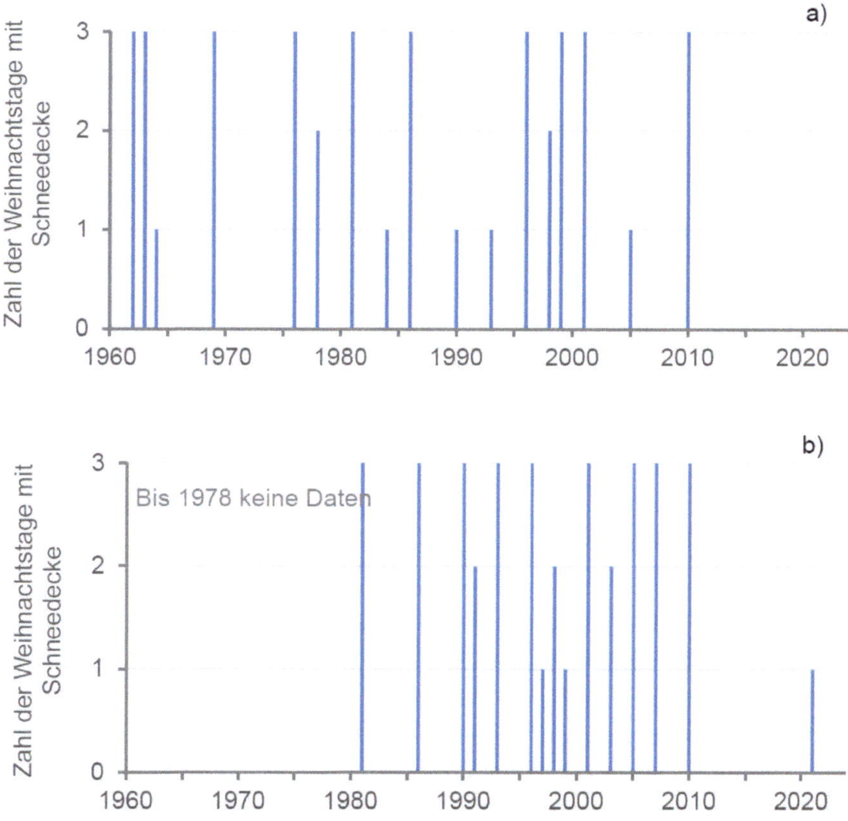

Abbildung 55 Weiße Weihnachten: Tage zwischen dem 24. und 26. Dezember mit einer Schneedecke von mindestens 1 cm für 1961 bis 2024 in Bamberg (a) und Wattendorf (b). Daten: Deutscher Wetterdienst

dorf vielleicht zwei. Aber auch für Wattendorf ist das Ereignis zu selten, dass Bamberger ihren Weihnachtsspaziergang in Wattendorf im Schnee machen könnten.

Demgegenüber ist das „Weihnachtstauwetter" in zwei von drei Jahren ein sehr sicherer Wetterregelfall. Nach einem Kaltluftvorstoß Mitte Dezember nach Mitteleuropa erreicht danach relativ warme Luft gerade um Weihnachten unseren mitteleuropäischen Raum im Zusammenhang mit der sogenannten „Weihnachtszyklone". Nach Weihnachten und zu Silvester ist es dann oft wieder kälter.

Dennoch bleibt das Gefühl, dass „Weiße Weihnachten" seltener geworden sind. Dies liegt zum einen daran, dass man selbst nicht von einer derart exakten, wie oben beschriebenen, Definition ausgeht und die Zeitspanne der Weihnachtstage etwas größer wählt, zumeist zwischen Weihnachtsmarktbesuch und Silvester, wo eine Abnahme der Tage mit Schneedecke durch den Klimawandel begründet werden kann. Zudem gibt es auch einige wissenschaftliche Fakten, die eine Abnahme der „Weißen Weihnachten" durchaus wahrscheinlich erscheinen lassen, wie die Verlagerung der Null-Grad-Grenze in höher gelegene Regionen und Regen statt Schneefall bei Tiefdruckgebieten, die vom Atlantik in unser Gebiet gelangen.

NIEDERSCHLAG UND TROCKENHEIT

Die jährliche Niederschlagssumme unterliegt keinen deutlichen Veränderungen durch den Klimawandel. Auch wenn in den Jahren 2014–2022 ein Niederschlagsdefizit von insgesamt etwa 70 % einer Jahresniederschlagssumme zu verzeichnen war, so sind doch einige trockenere Jahre in Folge nicht untypisch. Die Variabilität des Niederschlages ist so hoch, dass weitere Untersuchungen notwendig sind, um trockenere Jahre eindeutig dem Klimawandel zuordnen zu können. In den Sommermonaten Juni, Juli und August fallen in Bamberg im Mittel etwa 200 mm Niederschlag, in den anderen Jahreszeiten sind es jeweils etwa 150 mm. Eine Bewertung der Winterniederschläge ist schwierig. Bei Schneefall tritt durch Windeinfluss eine Unterbestimmung mit Fehlern bis etwa 50 % auf. Durch die Abnahme der Tage mit Schneefall, der dann als Regen fällt, wird eine leichte Zunahme der Niederschläge vorgetäuscht. Der Vergleich der Klimanormalperioden 1961–1990 und 1991–2020 zeigt, dass der Frühjahrsniederschlag (März bis Mai) insgesamt um 11 % zurück gegangen ist. Dieser Rückgang ist vor allem durch eine Abnahme des Aprilniederschlages um 28 % begründet. Für die Pflanzenentwicklung ist der Rückgang der Frühjahrsniederschläge, der schon seit etwa 20 Jahren bekannt ist und entsprechend auch in Oberfranken beobachtet wurde [73, 74], durchaus kritisch. Das größte Defizit tritt somit in einem Monat auf, in dem für das Pflanzenwachstum der größte Niederschlagsbedarf ist. Durch die Abnahme der Schneeauflage ist das gespeicherte Wasser oft nur gering. Bei unbewachsenem Boden besteht nach Austrocknung die Gefahr von Bodenerosion. Allerdings waren im Jahr 2022 der April, im Jahr 2023 der März und im Jahr 2024 der Mai sehr niederschlagsreich, so dass der soeben beschriebene Trend für April und das gesamte Frühjahr unterbrochen wurde. Ursache dafür waren aber häufig blockierende Wetterlagen über Osteuropa, die in unserem Raum zu stärkeren Niederschlagen führten.

Dieser Rückgang findet eine gewisse Kompensation durch erhöhte Sommerniederschläge, die häufig als einzelne Starkniederschlagsereignisse fallen. In Abbildung 56 wird für die Monate Mai bis September gezeigt, welchen Anteil der Tag mit maximalem Niederschlag am Monatsniederschlag hat. Bis zur Jahrtausendwende zeigen die einzelnen Monate ein sehr wechselndes Bild. Es gab Monate mit einem besonders starken Niederschlagsereignis, häufig im August, in anderen Monaten waren die Niederschläge eher gleichmäßig über den Monat verteilt. Nach der Jahrtausendwende fallen weitgehend regelmäßig in den Monaten Mai bis September (September nach 2010) 30% (2000) mit einer Zunahme auf 40 % (2020) des Monatsniederschlages an einem Tag. Offensichtlich gibt es aber auch Ausnahmen, wie der Juli in den letzten Jahren. Da Starkniederschlagsereignisse zu einem großen Anteil abfließen und nicht den Bodenwassergehalt und den Grundwasserspiegel erhöhen, steht im Sommer immer weniger Wasser für die Natur zur Verfügung trotz weitgehend gleicher Niederschlagsmengen. Die Untersuchung zeigt aber auch, dass inzwischen neben den Sommermonaten auch die Monate Mai und September ein typisches Sommerniederschlagsregime haben mit Niederschlägen in Form von starken Schauern oder Gewittern und weniger durch Landregen, der ein Segen für die Natur wäre.

Wie beim Jahresniederschlag sieht man auch bei den Tagen mit 10 mm oder mehr Niederschlag keinen Trend trotz der etwas niederschlagsärmeren letzten Jahre. Im Mittel gibt es jedes Jahr etwa 15 Tage mit 10 mm und mehr Niederschlag mit beachtlichen Schwankungen von Jahr zu Jahr.

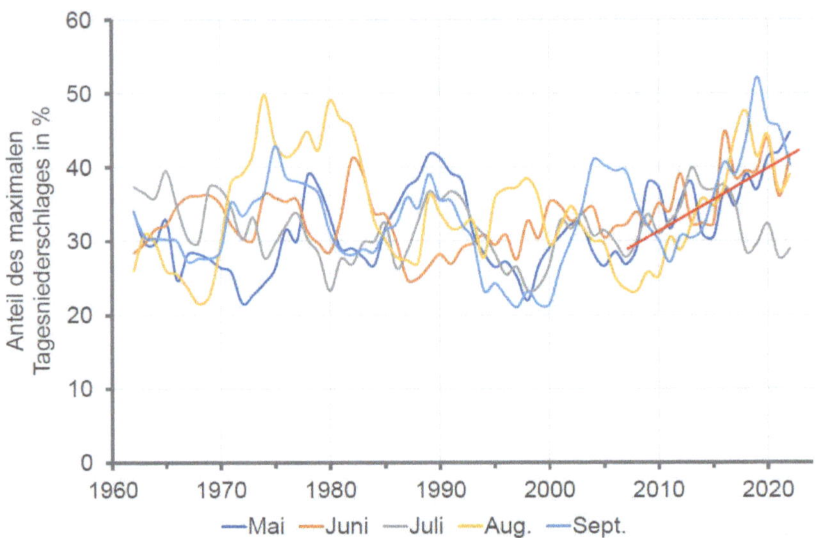

Abbildung 56 5-jähriges gleitendes Mittel des Anteils des Tages mit maximalem Niederschlag am Monatsniederschlag in Bamberg. Daten: Deutscher Wetterdienst

Es gibt immer wieder trockenere und feuchtere Jahre, wobei über längere Zeiträume ein Ausgleich stattfindet. Jahre mit Niederschlagsüberschuss oder einem Defizit waren von 1961 bis 2010 immer gleich verteilt innerhalb von 10-Jahresperioden. Lediglich in der letzten Periode von 2011 bis 2020 gab es nur zwei Jahre, in denen mehr als das klimatologische Jahressumme von 634 mm Niederschlag (Zeitraum 1961–2020) fielen und 2021–2024 waren es drei Jahre. Die letzten Jahre mit deutlich übernormalem Niederschlag waren 2010 mit 867,6 mm, 2013 mit 761,6 mm und 2024 mit 754,3 mm.

Maßgeblich für das Entstehen einer ausgeprägten Trockenheit in einer Periode mit geringen Niederschlägen ist die Verdunstung. Diese hängt im Wesentlichen vom Wassergehalt bzw. der Wasserdampfsättigung der Luft und der Windgeschwindigkeit ab. Da das Vermögen der Luft Wasserdampf aufzunehmen mit zunehmender Temperatur exponentiell zunimmt, bedeutet dies, dass durch die Temperaturzunahme infolge des Klimawandels die Luft mehr Wasserdampf aufnehmen kann und somit die

Verdunstung gefördert wird. Dies wird durch das Gesetz von Clausius und Clapeyron bestimmt (siehe S. 14). Ein hoher Energieeintrag durch kurzwellige Sonnenstrahlung fördert weiterhin die Verdunstung. Auch haben sich durch den Klimawandel die Zirkulationsverhältnisse über Mitteleuropa verändert [20] und sogenannte blockierende Hochdrucklagen haben in den letzten 20 Jahren deutlich zugenommen. Diese sind auch Ursache für längere trockene Perioden, die oft mit Wind aus östlichen Richtungen verbunden sind. Da es sich dabei um kontinentale Luftmassen handelt, sind diese besonders trocken und fördern ebenfalls eine erhöhte Verdunstung. Somit kann konstatiert werden, dass sich durch den Klimawandel das Vermögen erhöht hat, Wasser durch Transpiration der Pflanzen oder Verdunstung von Oberflächenwasser an die Atmosphäre abzugeben. Damit wird die Trockenheit auch ohne Abnahme der Niederschläge vergrößert. Hinzu kommt noch, dass trockener Boden kaum Wasser aufnehmen kann und somit viel Niederschlagswasser durch Abfluss insbesondere bei Starkniederschlägen der Vegetation verloren geht.

Eine Analyse der längeren Trockenperioden mit mehr als 20 Tagen ohne Niederschlag bzw. Niederschlag ≤ 1 mm (Tau, Nebelnässen, Schneegriesel) ergab für die Jahre 1950–2024, dass innerhalb von 10 Jahren auch etwa 10 derartige Perioden auftreten (Abbildung 57). Aus der Abbildung erkennt man aber auch, dass nach der Jahrhundertwende eine Tendenz zu verstärkten Trockenperioden in der Vegetationsperiode bestand, so dass diese eine nachhaltigere Wirkung hatten. Offensichtlich trat ein Ursachenwechsel von langanhaltenden winterlichen Hochdruckgebieten zu blockierenden Hochdrucklagen in der wärmeren Jahreszeit ein. Die längste Trockenperiode seit 1949 mit 41 Tagen Dauer war vom 20.10. bis zum 30.11.2011 und die längste in der Vegetationsperiode mit 35 Tagen Dauer vom 16.05. bis zum 19.06.2023.

Um das Problem der Trockenheit besser quantitativ bestimmen zu können, wurden bereits vor 100 Jahren Indizes eingeführt [6]. Physikalisch sind die besten Indizes, die den Niederschlag ins Verhältnis zur maximal möglichen Verdunstung setzen, wozu die oben genannten Einflussparameter benötigt werden. Da an den meisten Messstationen, wie auch für Bamberg, nicht alle notwendigen Messgrößen vorhanden sind, werden häufig einfachere Indizes aus leicht zugänglichen Größen bestimmt. In

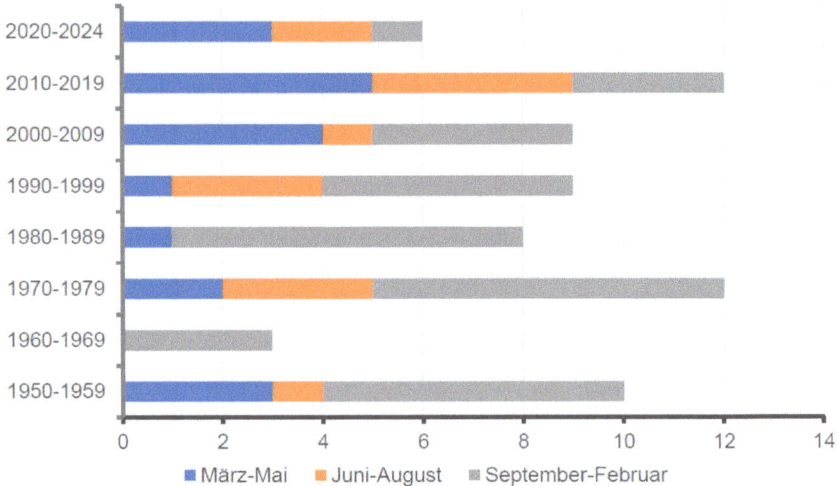

Abbildung 57 Anzahl der längeren Trockenperioden mit mehr als 20 Tagen ohne Niederschlag bzw. Niederschlag ≤ 1 mm (Tau, Nebelnässen, Schneegriesel) in Bamberg in den Jahren 1950–2024 unterteilt nach früher Vegetationsperiode (blau), späte Vegetationsperiode (rot) und Herbst und Winter (grau). Daten: Deutscher Wetterdienst

Deutschland wird oft der Index nach De Martonne [75] verwendet, der im Vergleich mit anderen Indizes trotz der einfachen Definition als das Verhältnis aus Jahresniederschlag und der um 10 °C erhöhten Jahresmitteltemperatur recht zuverlässige Aussagen liefert [76]. Der Index schwankt von Jahr zu Jahr beachtlich. Deswegen wird in Abbildung 58 der über 5 Jahre gleitend gemittelte Wert des Index gezeigt. Er schwankt auch noch nach der Mittelung mit Werten um 35 für Bamberg. Ab etwa 2012 nimmt der Index immer weiter ab, es wird somit trockener. Auch wenn in den letzten 10 Jahren die tiefsten Werte erreicht werden, so ist doch der Abfall noch nicht außergewöhnlich, betrachtet man die Jahre von 1967–1975 zum Vergleich. Bei der theoretischen Klimaanalyse für den Landkreis wurde für den Zeitraum 1990 bis 2019 eine Abnahme von 45 auf 35 festgestellt [41]. Dieser Analyse lagen die höheren Niederschlagswerte im Landkreis zugrunde. Für die Stadt konnte mit gemessenen Werten dieser starke Abfall nicht ermittelt werden. Interessant ist jedoch der Trocken-

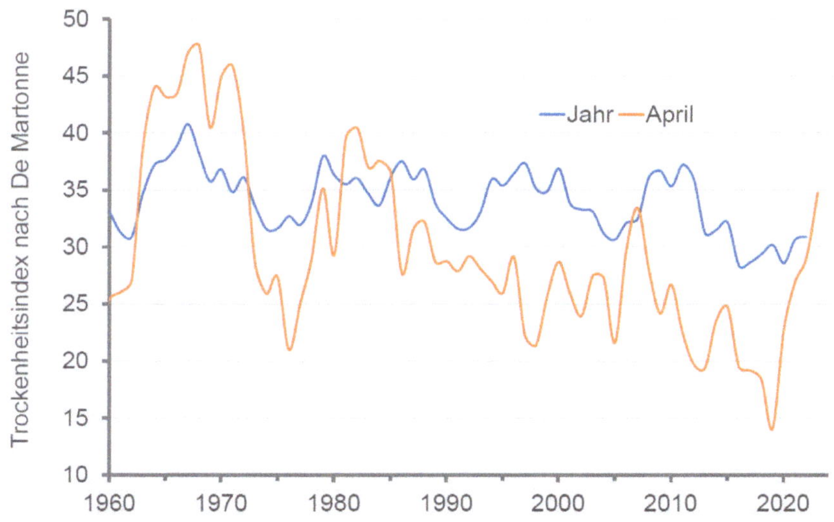

Abbildung 58 5-jähriges gleitendes Mittel für den Trockenheitsindex nach De Martonne für Bamberg in den Jahren 1960–2024, Jahresmittelwerte in Blau, normierte Aprilwerte in Braun. Daten: Deutscher Wetterdienst und [29]

heitsindex für den April, der ebenfalls in Abbildung 58 dargestellt ist. Zur Vergleichbarkeit wurde der Index mit den mittleren Jahreswerten umgerechnet. Die Schwankung ist beachtlich auch beim 5-jährigen gleitenden Mittel, doch zeigt sich ab den 1990er Jahren eine deutliche Abnahme, die zeitiger einsetzte, als sie bei Jahressummen des Niederschlags festgestellt wurde. Interessanterweise traten geringe Trockenheitsindizes im April um 30 auch in der kurzen Erwärmungsphase, genannt frühe arktische Erwärmung, durch natürliche Klimaschwankungen in den 1940er und 1950er Jahren auf (siehe Abbildung 41). Die zunehmende Erwärmung in der Arktis hat durch Zirkulationsumstellungen damit eindeutig einen Einfluss auf die Frühjahrstrockenheit im April [77]. Allerdings zeigen gerade die letzten Jahre, dass auch feuchte Aprilmonate eintraten, wobei aber immer ein Frühjahrsmonat (März oder Mai) besonders trocken war.

Der Trockenheitsindex ist ein rein meteorologischer Parameter. Es fehlt ein konkreter Bezug zur Bodenfeuchte, da nicht unterschieden wird, ob

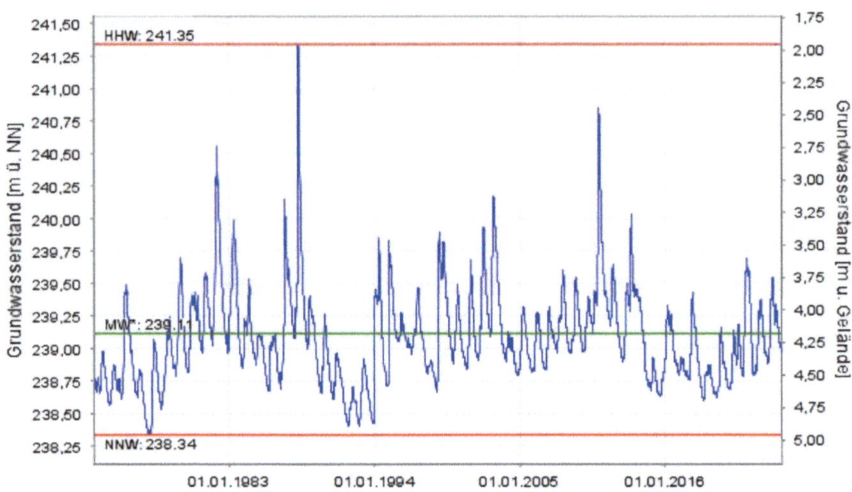

Abbildung 59 Grundwasserstand im Einzugsgebiet der Regnitz bei Strullendorf (Station 5123) von Juli 1972 bis Dez. 2024. Der Mittelwert entspricht einem Grundwasserstand von 4,20 m unter Gelände. Zusätzlich sind der maximale und minimale Grundwasserstand angegeben. Quelle: Bayerisches Landesamt für Umwelt, www.lfu.bayern.de

der gefallene Niederschlag vorwiegend oberirdisch abgeflossen ist oder den Bodenwassergehalt und somit auch den Grundwasserspiegel erhöht hat. Die in der Bevölkerung wahrgenommene Zunahme der Trockenheit dokumentiert sich neben der Entwicklung der Pflanzen wohl am besten im Grundwasserstand, wie sie für Strullendorf in Abbildung 59 gezeigt wird. In den oben genannten trockenen Jahren 2014–2022 Jahren war der Grundwasserstand immer unternormal. Derartige Grundwasserstände gab es aber auch schon in den 1970er und Anfang der 1990er Jahre. Wenn jedoch, worauf manches hindeutet, die jetzigen niedrigen Grundwasserstände durch Zirkulationsumstellungen auf Grund des Klimawandels hervorgerufen werden, dann wäre dies ein Alarmsignal für die Landwirtschaft und die Wasserversorgung.

Neben der Trockenheit stellen Starkniederschläge eine erhöhte Gefahr durch den Klimawandel dar, da die Atmosphäre aufgrund der höheren Temperaturen mehr Wasserdampf speichern kann. Unter Starkregen versteht man Niederschläge > 5 mm/5 min, >7 mm/10 min oder > 17 mm /h, wobei verschiedene Autoren leicht abweichende Angaben machen (hier Deutscher Wetterdienst). Für langanhaltende Niederschläge ist der maximale in Bamberg gemessene Wert von 75,3 mm am 24.06.1975 noch unterhalb dem für Tagessummen bei Starkniederschlägen verwendeten Schwellwert, der etwa 10 mm höher ist. Das deutet darauf hin, dass solche Ereignisse in Bamberg sehr selten sind, denn die in Mitteleuropa dafür meist verantwortliche Wetterlage (Vb-Wetterlage) ist nur schwach ausgebildet in unserem Gebiet. Dabei zieht ein Tiefdruckgebiet mit warmer Mittelmeerluft östlich der Alpen nach Norden und stößt dort auf kältere Luftmassen, was zu den ergiebigen Niederschlägen führt. Der Bayerischen Wald wirkt für unser Gebiet wie eine Barriere.

Demgegenüber gibt es für kurzzeitige Starkniederschläge in Deutschland, abgesehen von den Mittelgebirgen und dem Alpenraum, keine regionalen Unterschiede. Diese Ereignisse nehmen durch den Klimawandel zu [78] und 2024 war Bamberg am 02. und 21. Mai auch von derartigen Ereignissen betroffen mit lokalen Überflutungen, da hohe Niederschlagsmengen innerhalb weniger Minuten von keiner Kanalisation aufgenommen werden können. Abbildung 60 zeigt die 10-minütigen Niederschlagssummen für ca. 1 Stunde, wobei das gesamte Niederschlagsereignis eine Summe von 43,2 mm an der Wetterstation Bamberg hatte. In Bischberg nordwestlich von Bamberg fielen im gleichen Zeitraum nur 11,1 mm. In Abbildung 61 wird eine überflutete Unterführung gezeigt. Derartige Starkniederschläge treten also in einem sehr begrenzten Raum auf und das eigentliche Maximum wird selten erfasst, falls man nicht aufwendige Radarauswertungen zurate zieht. Ein ähnliches Ereignis gab es in der Region am 20.07.2011 mit der Überflutung der A73 bei Buttenheim durch einen kräftigen Gewitterschauer oder am 09.07.2021 in Mürsbach nördlich von Bamberg. Gerade kleine Orte mit oft versiegelten Bachläufen und ohne größere Polderflächen sind besonders gefährdet. Derartige Ereignisse sind oft mit Hagel verbunden und für die zweite Hälfte dieses Jahrhunderts werden sogar mehr als die doppelte Anzahl von Hagelereignissen in Mitteleuropa erwartet [78].

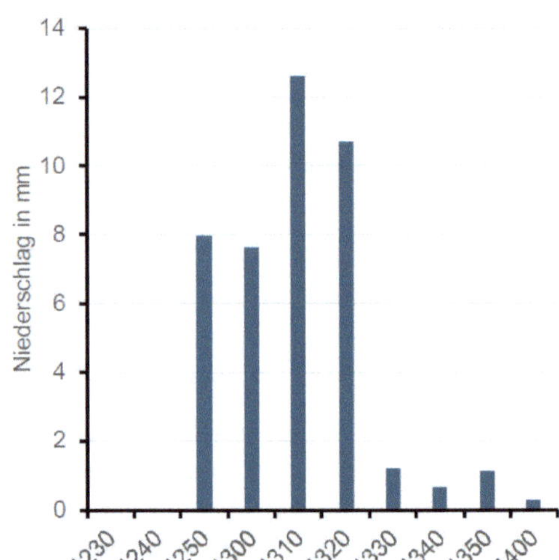

Abbildung 60 10-minütige Niederschlagssummen am 02.05.2024 von 12:30 bis 14:00 an der Wetterstation Bamberg. Daten: Deutscher Wetterdienst

Abbildung 61 Überflutete Eisenbahnunterführung Geisfelder Straße in Bamberg am 02.05.2024 gegen 13 Uhr, © NEWS5/Merzbach

WEITERE AUSWIRKUNGEN DES KLIMAWANDELS

In den vorliegenden Abschnitten wurden vor allem Veränderungen herausgearbeitet, die sich mit meteorologischen Beobachtungen belegen lassen. Die Änderungen der Lufttemperatur und ihrer Extrema, des Niederschlages und der atmosphärischen Zirkulationen betreffen aber viele Bereiche unseres täglichen Lebens, für die erste Aussagen über zu erwartende Tendenzen vorliegen [41, 74]. In einigen Bereichen werden oder sind Belastungsgrenzen erreicht, die unumkehrbar sind. Nachfolgend werden nur einige Beispiele genannt, ein vollständiger Überblick kann nur durch interdisziplinäre Zusammenarbeit mit Hydrologen, Land- und Forstwirtschaftswissenschaftlern, Medizinern, Ökologen und anderen Fachwissenschaftlern erfolgen.

Sehr augenfällig waren die Auswirkungen der Trockenheit im Hain in den letzten Jahren, als immer wieder vertrocknete und abgestorbene große Bäume gefällt werden mussten. Hier wird uns deutlich, dass Niederschlag, Verdunstung, Wasserleitung im Boden und Wasseraufnahme durch die Pflanzen ein sehr komplizierter Prozess ist und Störungen zu einschneidenden Problemen führen. Der Boden kann nur Wasser in tiefere Schichten leiten, wenn die oberen Schichten ausreichend Wasser haben. Dieser Wert wird als Feldkapazität bezeichnet und liegt je nach Bodenart und Schichtung bei einer Bodenfeuchte von 10–30%. Nur wenn mehr Wasser in den oberen Bodenschichten vorhanden ist, kann Wasser in tiefere Schichten gelangen. Ist dieser Wasserfluss für längere Zeit unterbrochen, z. B. durch längere Trockenperioden, bedarf es eines großen Wasserüberschuss, um die Leitung wiederherzustellen. Wenn in den unteren Bodenschichten die Bodenfeuchte unter einen kritischen Wert gerät, genannt Welkepunkt bei etwa 10% Bodenfeuchte, können Pflanzen überhaupt kein Wasser mehr aufnehmen und sie sterben ab. Dieser Fall ist bei tiefwurzelnden Bäumen wie den Buchen im Haingebiet und einigen Waldgebieten geschehen. Die generell niedrigen Grundwasserstände haben dies noch begünstigt.

Ein Baum, der in den nächsten Jahrzenten nicht mehr in unseren Wäldern anzutreffen sein wird, ist die Fichte. Erhöhte Temperaturen und teilweise abnehmende Niederschläge führen bei den in unserem Gebiet heimischen Fichten dazu, dass sie nicht mehr an das Klima angepasst sind. Die Überdüngung mit Stickstoff durch die hohen Konzentrationen von Stickstoffoxiden in der Luft wirkt sich außerdem auf die Holzqualität aus und die Windbruchgefahr nimmt zu. Die so vorgeschädigten Bäume sind gute Nahrung für den Borkenkäfer, der durch die hohen Temperaturen bereits ab dem Frühjahr in mehreren Populationen auftritt.

An Wassermangel und Insektenbefall wird deutlich, in welcher Gefahr sich gegenwärtig unsere Wälder und Parkgebiete befinden. Waldumbau ist dringend angeraten und er wird auch schrittweise durchgeführt. Das ist eine gigantische Aufgabe, die aber mit dem Tempo des Klimawandels möglicherweise nicht mithalten kann. Unser Problem beim Klimawandel ist, dass wir nicht in ein subtropisches Klima kommen, sondern in einem temperierten Klima bleiben mit Frost im Winter und deutlich höheren Temperaturen und geringeren Niederschlägen im Frühjahr und Sommer. Damit kommen nur Bäume aus Südosteuropa und dem östlichen Mittelmeerraum für den Waldumbau in Frage. Somit wird vielleicht einmal die Zeder dominieren und nicht mehr der bei uns typische Mischwald.

Es kommt noch ein weiteres Problem hinzu. Wälder werden durch ihre Kohlenstoffaufnahme in die Berechnungen des Pariser Klimaabkommens einbezogen. Sie nehmen in der gegenwärtigen Phase eine besondere Rolle ein, da die Emissionen von Kohlendioxid aus fossilen Energieträgern noch hoch sind. Bei all den Schädigungen, denen unsere Bäume ausgesetzt sind, ist der Erhalt der großen Bäume und deren Pflege besonders wichtig, denn Neuanpflanzungen werden als Kohlenstoffsenke erst in 20–30 Jahren wirksam. Ebenso sollte der eventuell doch notwendige Einschlag von Holz immer so vorgenommen werden, dass nie mehr als ein Drittel der Bäume entfernt werden, so dass das Kronendach geschlossen bleibt und aus dem Boden entweichendes Kohlendioxid durch Blätter und Nadeln gleich wieder assimiliert werden kann. Besondere Beachtung sollten naturbelassene Wälder erfahren, da sie mehr Kohlenstoff im Boden binden und gegenüber Witterungsschwankungen unempfindlicher sind [53].

Änderungen werden durch den Klimawandel auch in der Landwirtschaft nötig. Diese betreffen z.B. den landwirtschaftlichen Anbau ohne Pflügen, um den im Boden gespeicherten Kohlenstoff dort zu konservieren, und veränderte Fruchtfolgen. Auf die Frühjahrstrockenheit hat die ökologische Landwirtschaft mit Zwischenfrüchten und vor allem mit dem Anbau von Winter- statt Sommergetreide reagiert. Eine derartige Tendenz ist ebenso in der konventionellen Landwirtschaft zu beobachten, auch wenn Raps und Mais noch dominant sind. Dies ist auch zu berücksichtigen, wenn man den vermeintlich klimafreundlichen Ausbau von Biogasanalagen forciert oder die Nutzung des Holzes der Wälder für Pelletheizungen, die leider die Feinstaubbelastung erhöhen. Es gibt nicht den goldenen Weg beim Klimaschutz, es müssen immer alle Aspekte berücksichtigt werden und am Ende muss die Kohlendioxidbilanz in der Gesamtheit aller Prozesse entscheiden, ob ein Weg sinnvoll ist oder nur sinnvoll klingt.

Zunehmend an Bedeutung gewinnt die Gesundheitsgefahr durch eingeschleppte Stechmücken. Diese werden sowohl durch die Reisetätigkeit und den Warentransport mitgebracht oder gelangen aus dem Mittelmeergebiet bei kräftiger südlicher Luftströmung bis in unseren Raum und finden hier zunehmend gute Lebensbedingungen vor. Dazu zählen die Anopheles Mücke, bekannt als Überträgerin von Malaria, und die Asiatische Tigermücke als Überträgerin von Viruskrankheiten. Letztere gelangte bis 1990 nach Europa, ist im Rheingebiet bei uns angekommen [79] und wird bald auch in Bamberg sein, wenn sie nicht schon da ist. Das Risiko von diesen Mücken gestochen zu werden ist zwar noch gering, doch der Tropenmediziner wird bald kein Exot mehr bei uns sein. Damit sind in den letzten zwei Jahrzehnten gesundheitliche Probleme zu uns gekommen, die wir sonst nur aus Afrika und Asien kennen.

Auch wenn in den letzten sehr warmen Jahren eine Sonnenscheindauer von fast 2000 Stunden erreicht wurde, lässt sich für Bamberg kein Trend angeben. Dies liegt an der zu kurzen Messreihe, denn erst ab der Verlegung des Messfeldes 2008 gibt es zuverlässige elektrische Messungen. Leider wurden auch die Stationen der Umgebung erst zum gleichen Zeitpunkt auf elektrische Messungen umgestellt. Vorher wurde die Sonnenscheindauer mit einer Glaskugel gemessen, die eine Brennspur auf einem Papierstreifen erzeugte. Die Werte zeigen große Unterschiede in Abhängigkeit von dem auswertenden Beobachter.

ANWENDUNG DES THEORETISCHEN KLIMAS FÜR DIE ANALYSE DES KLIMAWANDELS

Die Anwendung einer theoretischen Klimaanalyse für den Klimawandel hat durchaus Vorteile, da die Datengrundlage sich nicht auf Einzelmessungen bezieht und mit einem größeren Datensatz und ausgereifter Modellierung gut abgeglichen ist. Dies gilt insbesondere dann, wenn sie sich auf ein Gebiet bezieht, dessen Umgebung ähnlich geartet ist, denn zu starke Unterschiede müssen aus Gründen der Modellstabilität einer Mittelung unterzogen werden. Die Stadt und der Landkreis Bamberg nutzen eine derartige theoretische Klimamodellierung für ihr Klimaanpassungskonzept [41]. Allerdings ist der Landkreis mit dem Steigerwald, dem Tal der Regnitz und des Mains und dem Fränkischen Jura sehr stark gegliedert mit sich deutlich unterscheidendem lokalen Klima. Damit repräsentieren mittlere Werte für den Landkreis keine der drei genannten Regionen. Das Regnitztal bei Bamberg ist deutlich wärmer und trockener als der Landkreisdurchschnitt und der Fränkische Jura entsprechend kälter und niederschlagsreicher.

Im Einzelnen bedeutet dies, dass die angegebenen Jahresmitteltemperaturen etwa 0,5 °C niedriger sind als die für Bamberg gültigen Werte. Die Modellierung ist an die Messwerte gut angepasst, allerdings wurden Sprünge in der Bamberger Messreihe für die Klimamodellierung übernommen. Die Trends wurden für den Zeitraum 1950–2019 angegeben. Da der stärkere Temperaturanstieg aber erst nach 1980 einsetzte, werden die angegebenen Trends zu niedrig angesetzt. Besonders deutlich wird die Mittelung bei den Extremtemperaturen, so dass beispielsweise die Zahl der heißen Tage (Maximum der Lufttemperatur größer oder gleich 30 °C), um 10–50% unterschätzt wird (Abbildung 62). Noch zu bemerken ist, dass die Wetterstation Bamberg nur den Stadtrand repräsentiert und die innerstätischen Maxima 1–3 °C höher sind. Die Anzahl der heißen Tage kann als Schwellwert angesehen werden, ab dem das Mortalitätsrisiko zunimmt. Bei den Frosttagen (Minimum unter 0 °C) ergibt sich eine leichte Abnahme, die sich aus den Messwerten noch nicht bestätigen lässt.

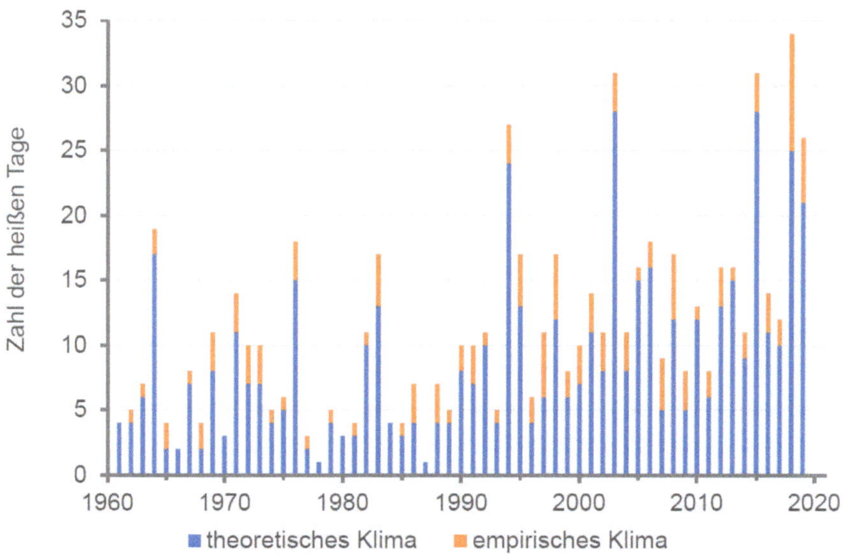

Abbildung 62 Zahl der heißen Tage in Bamberg 1960-2019, Vergleich des theoretischen Klimas für den Landkreis Bamberg mit Messwerten des empirischen Klimas für den Stadtrand von Bamberg. Daten: Deutscher Wetterdienst und [41]

Ähnlich dramatisch sind die Auswirkungen bei der Angabe zum Niederschlag im Landkreis. Für das Regnitztal liegen die Niederschläge etwa 10–20% unter dem Landkreismittel. Für den Fränkischen Jura sind sie deutlich höher. Damit wird verschleiert, dass in Trockenjahren im Regnitztal nur knapp über 400 mm Niederschlag fallen.

Da das Klimaanpassungskonzept Richtschnur für das politische Handeln in den nächsten Jahren sein wird, muss man sich immer wieder vergegenwärtigen, dass ein Landkreisklima die Besonderheiten in der Stadt Bamberg und im Landkreis nur ungenügend wiedergibt und insbesondere die extremen Werte deutlich schneller zunehmen als angegeben. Die Richtigkeit der Analyse wird durch diese Anmerkungen nicht in Zweifel gestellt, nur die Übertragung der Landkreismittel als Richtschnur für das Handeln in der Region.

WAS ERWARTET UNS NOCH DURCH DEN KLIMAWANDEL?

Die Möglichkeit, mit Hilfe von Klimamodellen in die Zukunft zu sehen, ist eine großartige Leistung der internationalen Wissenschaft in den letzten Jahrzehnten. Waren Klimamodelle ursprünglich nur Atmosphärenmodelle, so sind heute neben der Atmosphäre auch die Biosphäre, Pedosphäre (Boden), Hydrosphäre (Meere, Seen, Flüsse) und Kryosphäre (Eisbedeckung) in die Modelle einbezogen. Es wird also nicht nur der Effekt der Treibhausgase auf die globale mittlere Lufttemperatur der Erde modelliert, was durch empirische Beziehungen sogar schon seit 100 Jahren bekannt ist, sondern es werden alle Wechselwirkungen und Rückkopplungen zwischen den Geosphären und auch Faktoren der Menschheitsentwicklung und der Ökonomie berücksichtigt. Mit diesen Modellen lässt sich eindeutig nachweisen, dass die eingetretenen Klimaänderungen nur durch die Handlungen des Menschen, wie die Verbrennung fossiler Rohstoffe, die Vernichtung von Wäldern – man könnte die Liste weiter fortsetzen – zu erklären sind. Durch die vorhandenen natürlichen Klimaänderungen würde sich die Erdmitteltemperatur kaum nachweislich ändern.

Derartige Modelle gestatten es heute sogar, Aussagen für Regionen der Erde zu machen. Das geht zwar nicht für einzelne Orte, doch größere Gebiet wie Nord- und Südbayern lassen sich gut trennen. Innerhalb der Gebiete können dann auf der Grundlage der vorhandenen Topographie und Landnutzung sogar noch die Aussagen angepasst und verfeinert werden. Die erste derartige Modellierung wurde schon vor fast 20 Jahren für Bayern durchgeführt und die zunehmende Trockenheit vorwiegend in Nord- und Ostbayern wurde zuverlässig prognostiziert [74].

Grundlagen für eine Klimamodellierung

Viel schwieriger ist der Blick in die weitere Zukunft. Die Corona-Pandemie hat gezeigt, dass relativ kurzfristig die Treibhausgasemissionen für wenige Monate um etwa 20 % gesenkt wurden, danach aber wieder sehr deutlich ansteigen. Dies konnte natürlich keiner längerfristig vorhersagen.

Ähnlich sieht es mit Faktoren des Bevölkerungswachstums, der weiteren Nutzung fossiler Brennstoffe, der Vernichtung insbesondere von tropischen Regenwäldern oder der Flächenversiegelung aus. Um dem zu begegnen, rechnen Klimamodelle mit Vorgaben einer möglichen durch anthropogene Maßnahmen verursachten Erwärmung durch die zusätzliche der Erdoberfläche zugeführte Strahlungsenergie. Da man diese in Treibhausgaskonzentrationen und damit mögliche Erdmitteltempera Erdmitteltemperaturen umrechnen kann, werden sie als *Repräsentative Konzentrationspfade* (Representative Concentration Pathways, RCPs) bezeichnet [80]. Die Ziffern geben die zusätzliche Strahlungsenergie an der Erdoberfläche im Jahr 2100 an, die mit Kohlendioxidkonzentrationen in der Erdatmosphäre verbunden sind (Tabelle 5). Das Szenarium RCP 1.9 und RCP 2.6 würden etwa dem 1,5- bzw. 2,0-°C-Ziel des Pariser Klimaabkommens entsprechen. RCP 4.5 ist mit einer Verdopplung der CO_2-Konzentration in der Atmosphäre verbunden und entspricht etwas mehr als eine 2-°C-Erwärmung etwa den Verpflichtungen der Klimakonferenz von Glasgow 2020 entsprechend.

Tabelle 5 Einteilung der Repräsentativen Konzentrationspfade [80], beim CO_2-Äquivalent sind die Treibhauspotenziale aller Treibhausgase in CO_2 umgerechnet, d.h. die eigentliche CO_2-Konzentration ist geringer als die angegebenen Werte, ppm: Moleküle CO_2 pro 1 Million Luftmoleküle.

Bezeichnung	*Zusätzliche Strahlungsenergie*	*Kohlendioxidkonzentration (Äquivalent) in der Atmosphäre*
RCP 1.9		Realisiert 1,5 °C Begrenzung
RCP 2.6	Maximal 3,0 W/m², vor 2100 jedoch noch Rückgang	Maximum 490 ppm, vor 2100 jedoch noch Rückgang
RCP 4.5	4,5 W/m², Stabilisierung auf diesem Wert nach 2100	650 ppm, Stabilisierung auf diesem Wert nach 2100
RCP 6.0	6,0 W/m², Stabilisierung auf diesem Wert nach 2100	850 ppm, Stabilisierung auf diesem Wert nach 2100
RCP 8,5	Größer 8,5 W/m² im Jahr 2100	Größer 1370 ppm im Jahr 2100

Tabelle 6 Einteilung der Gemeinsam Genutzte Sozioökonomische Pfade [81]

Bezeichnung	*Erdbevölkerung*	*Entwicklung*
SSP1	Stabilisierung der Erdbevölkerung nach 2100 bei 7 Mrd.	Nachhaltige Entwicklung
SSP2	Stabilisierung der Erdbevölkerung nach 2100 bei 9 Mrd.	Technischer Fortschritt, Angleichung der Lebensverhältnisse
SSP3	Erdbevölkerung im Jahr 2100 etwa 13 Mrd.	Ungleiche Entwicklung
SSP4	Stabilisierung der Erdbevölkerung nach 2100 bei 9 Mrd.	Regional ungleiche Entwicklung
SSP5	Stabilisierung der Erdbevölkerung nach 2100 bei 7 Mrd.	Nicht ressourcenschonend

Um diese repräsentativen Konzentrationspfade in Prognosen für die Erdmitteltemperatur zu übertragen, sind noch sozioökonomische Grundlagen nötig, die sogenannten *Gemeinsam genutzten sozioökonomischen Pfade* (Shared Socioeconomic Pathways SSPs), Tabelle 6 [81]. Die Pfade SSP1 und SSP5 gehen von einer Stabilisierung der Erdbevölkerung auf etwa 7 Milliarden Menschen auf der Erde nach 2100 aus, wobei SSP1 auf Nachhaltigkeit beruht, während SSP5 nicht ressourcenschonend ist. Die Pfade SSP2 und SSP4 gehen von einer Stabilisierung bei etwa 9 Milliarden Menschen nach 2100 aus, wobei SSP2 auf technologische Fortschritte und eine Angleichung der Lebensverhältnisse setzt, während SSP4 von einer regional ungleichen Entwicklung ausgeht. Bei SSP3 werden im Jahr 2100 etwa 13 Milliarden Menschen bei weiter bestehender Ungleichheit angenommen. Es ist wohl das Beste realistischerweise anzunehmen, dass das Pariser Klimaabkommen an der Obergrenze der zulässigen Erwärmung bei etwa 2 °C bei einem Szenarium SSP2 erfüllt werden kann. Besser wäre natürlich RCP 2.6 in Kombination von SSP1, doch dazu fehlt im Moment der politische Wille, zügig die Treibhausgasemissionen zu mindern und voll auf Nachhaltigkeit zu setzen. Leider muss man annehmen, dass wohl eher Wege jenseits von RCP 4,5 in Kombination von SSP2 oder sogar nur SSP4 als Weltgemeinschaft insgesamt gegangen werden. Bei

Tabelle 7 Kombinierte RCP- und SSP-Pfade als Grundlage für die Modellierung der zukünftigen Klimaentwicklung [82]

Bezeichnung	*Strahlungsenergie*	*Entwicklung/Erdbevölkerung*
SSP1-1.9	1,9 W/m²	Nachhaltige Entwicklung, max. 7 Mrd. Erdbevölkerung
SSP1-2.6	2,6 W/m²	Nachhaltige Entwicklung, max. 7 Mrd. Erdbevölkerung
SSP2-4.5	4,5 W/m²	Technischer Fortschritt, max. 9 Mrd. Erdbevölkerung
SSP3-7.0	7,0 W/m²	Ungleiche Entwicklung, 2100 etwa 13 Mrd. Erdbevölkerung
SSP5-8.5	8,5 W/m²	Nicht ressourcenschonend, max. 7 Mrd. Erdbevölkerung

Tabelle 8 Entwicklung der mittleren Lufttemperaturen nach den kombinierten RCP- und SSP-Pfaden bis 2100 gegenüber dem vorindustriellem Niveau [62]

Bezeichnung	*Globale Mitteltemperatur 2041–2060 [62]*	*Mitteltemperatur in Bamberg um 2050*	*Globale Mitteltemperatur 2081–2100 [62]*
SSP1-1.9	1,2 – 2,0 °C	ca. 2,8 °C	1,0 – 1,8 °C
SSP1-2.6	1,3 – 2,2 °C	ca. 3,6 °C	1,3 – 2,4 °C
SSP2-4.5	1,6 – 2,5 °C	ca. 4,5 °C	2,1 – 3,5 °C
SSP3-7.0	1,7 – 2,6 °C	ca. 5,8 °C	2,8 – 4,6 °C
SSP5-8.5	1,9 – 3,0 °C		3,3 – 5,7 °C

ihrer Klimaanpassung geht man beispielsweise in Stadt und Landkreis Bamberg von einer Entwicklung aus, die zwischen RCP 4.5 und RCP 8.5 liegt [41].

Die Kombination aus beiden Pfaden [82], wie sie in Tabelle 7 dargestellt ist, wird heute der Modellierung des zukünftigen Klimas zugrunde gelegt [62]. Tabelle 8 verdeutlicht die Entwicklung der globalen mittleren Lufttemperatur bis zum Jahr 2050 auf der Grundlage dieser Pfade. Dieser Modellierung liegt zugrunde, dass sich Kohlendioxid in der Atmosphäre akkumuliert und nur langsam abbaut, so dass ein klarer Zusammenhang zwischen den CO_2-Emissionen und dem Temperaturanstieg besteht. Da einige Prozesse wie die arktische Erwärmung und das Tauen von Gletschern in den letzten 10 Jahren stärker vorangeschritten sind als ursprünglich erwartet, sollte die Erwärmung nach diesen Szenarien eher an der oberen Grenze der angegebenen Streuung angenommen werden. Dies sind allerdings die weltweit gemittelten Erhöhungen für alle Land- und Wasserflächen. Wie bereits gezeigt, haben sich die Temperaturen in der Region bislang doppelt so stark und in der Arktis sogar 4fach so stark erhöht wie das globale Mittel. Das würde beim Pariser 1,5-°C-Ziel für Bamberg immerhin etwa 3 °C und beim 2-°C-Ziel etwa 4 °C bedeuten (Tabelle 8). Unsere gegenwärtige Entwicklung verläuft jedoch etwa nach den Szenarien SSP-7.0 und SSP-8.5 je nachdem, ob es mit weniger einschneidenden Maßnahmen gelingt, bis 2100 den Kohlendioxidgehalt der Erdatmosphäre auf der dreifachen Menge der vorindustriellen Zeit ab 2100 zu stabilisieren oder ob die Erderwärmung weitgehend ungebremst auch nach 2100 weiter geht (Tabelle 8). Daraus ist ersichtlich, dass der Übergang zu einem 1,5- oder 2-°C-Ziel zu einschneidenden Veränderungen führen müsste [62]. Die jedoch schon eingetretenen Klimaveränderungen sind in dem sehr komplexen Erdsystem nicht rückführbar.

Die Szenarien lassen sich eindeutig mit noch möglichen CO_2-Emissionen vom Jahr 2020 bis zum Jahr 2050 verbinden und betragen für das 1,5-°C-Ziel noch 300–350 Gt CO_2 und für das 2-°C-Ziel noch 400–500 Gt CO_2 [62]. Allein in den Jahren 2021–2023 betrug die weltweite Emission 110 Gut CO_2, so dass das Limit deutlich geschrumpft ist.

Klimaentwicklung für den Bamberger Raum

Wie in den vorigen Kapiteln gezeigt, sagt eine Temperaturerhöhung nicht viel aus, da ja auch bei wärmeren Temperaturen ein gutes Leben möglich ist. Vielmehr muss man sich ansehen, ob für die Region gewisse Belastungsgrenzen überschritten werden, die dann zu unwiderruflichen Veränderungen führen [70]. Als solche wurden bereits die Abnahme der Schneedecke in der Region und die mangelnde Schneesicherheit für den Wintersport in den angrenzenden Mittelgebirgen, das Auftreten von sehr

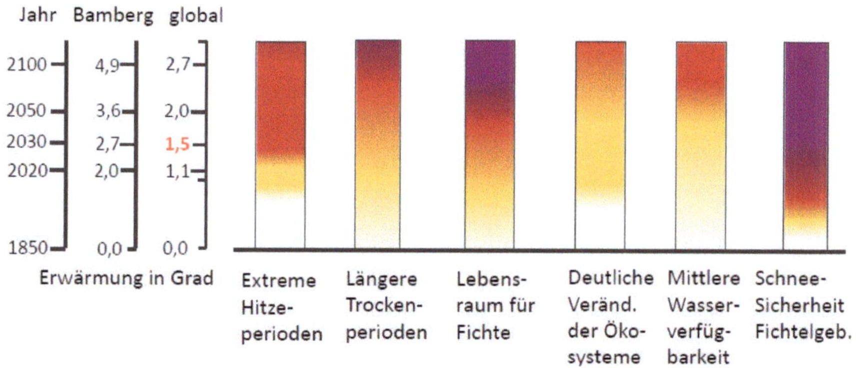

Abbildung 63 Belastungsgrenzen durch den Klimawandel in Oberfranken auf der Grundlage eines Entwicklungspfades von etwa SSP1-2.6 bis SSP2-4.5 mit Angabe der globalen mittleren Lufttemperatur, der entsprechenden Temperatur in Bamberg und dem Eintrittsjahr in Anlehnung an [83]. Die Farbgebung bedeutet: Weiß: unbedenklich; Gelb: beherrschbare Einflüsse und Risiken; Rot: signifikante Einflüsse und Risiken; Violett: Erhebliche und teilweise irreversible Einflüsse und Risiken

heißen Tagen mit Maximum-Temperaturen über 35 °C oder positiv gedacht, die nicht mehr vorhandene Einschränkung fränkischer Winzer nur auf den Anbau von Weißweinen, diskutiert. In Abbildung 63 wurde versucht, in Analogie zu globalen Kipppunkten [83], lokale Kipppunkte bzw. Belastungsgrenzen zu definieren. Daraus ergibt sich beispielsweise, dass schon gegenwärtig im Fichtelgebirge die Schneesicherheit für eine Wintersportregion nicht mehr gegeben ist. Die Fichte wird in den nächsten 30–50 Jahren zunehmend aus unserer Region verschwinden und extreme Hitzeperioden werden ein zunehmendes Risiko. Ab Mitte des Jahrhunderts werden Trockenheit und Wasserverfügbarkeit zunehmen kritisch, im Moment sind sie mit geeigneten Maßnahmen noch beherrschbar. Zum Ende des Jahrhunderts wird es grundlegende Veränderungen in den Ökosystemen geben.

Viel dramatischer ist es, wenn für bestimmte Ökosysteme nicht mehr die natürlichen Voraussetzungen vorhanden sind. Am Anfang des Buches wurde auf Alexander von Humboldt und sein „Naturgemälde" verwiesen. [3] Es zeigt für die Anden je nach Höhenstufe unterschiedliche

Pflanzengemeinschaften. Ähnliche Darstellungen gibt es auch für andere Gebirge [4]. Wir wissen also schon seit 200 Jahren recht exakt, dass Veränderungen der Temperaturen und des Niederschlages mit einem Wechsel zu anderen Ökosystemen verbunden sind. Bereits beim Aufstellen der Klimaklassifikation [6] hatte man sich an der Verbreitung von Pflanzen orientiert. In der Klimatologie sind die typischen Kenngrößen die Jahresmitteltemperatur und die Summe des Jahresniederschlages. Diese Angaben bearbeitete *Leslie Ransselaer Holdridge* (1907–1999) zusammen mit dem Verhältnis aus potenzieller Verdunstung (Wassermenge, die mit der zur Verfügung stehenden Energie maximal verdunstet werden kann) zur Niederschlagssumme zu einem sehr schematischen System der Ausbreitung von Ökosystemen [84], die in der ersten Auflage des Buches gezeigt wurde [85]. Eine weniger schematische Version ist in Abbildung 64 dargestellt. Die Werte für die vorindustrielle Klimaperiode 1881–1910, die aktuellen Verhältnisse und die Prognose für 2050 für Bamberg sind eingetragen. Für die übrigen Regionen in Oberfranken wird es noch einige Jahre dauern, bis sie wie Bamberg in die kritische Zone kommen. Es ist klar ersichtlich, dass sich in den mehr als 140 Jahren mit zuverlässigen Messungen in Bamberg das Klima von ursprünglich begünstigten typischen Wäldern in Richtung einer Buschlandschaft bewegt hat. Wir haben somit einen Kipppunkt zwischen den klassischen Mischwäldern zu Wäldern, die eher Trockenheit aushalten, erreicht. Ob das Absterben von großen Bäumen schon ein Anzeichen ist, gilt es noch zu untersuchen, denn hier war wohl die Wasserverfügbarkeit in tiefen Bodenschichten der ausschlaggebende Grund. Die Grenze zwischen beiden Ökosystemtypen fällt mit dem Verhältnis aus potenzieller Verdunstung und Niederschlag zusammen. Es ist die Grenze zwischen humiden und ariden Klimaten. Während früher nicht genügend Energie vorhanden war, um den gesamten Niederschlag zu verdunsten, ist diese durch die Erwärmung jetzt vorhanden. Es müssen somit die Pflanzen zunehmend in einzelnen Jahren mit weniger verfügbarem Wasser auskommen, da ein immer größerer Anteil des Niederschlages verdunstet, bevor er den Pflanzen zur Verfügung steht. Eine weitere Schwelle ist der Wert von deutlich unter 500 mm Jahresniederschlag. Wenn dieser Wert unterschritten wird, werden trockene Wälder und Buschland zunehmend durch Grassteppen ersetzt. Die Summe der

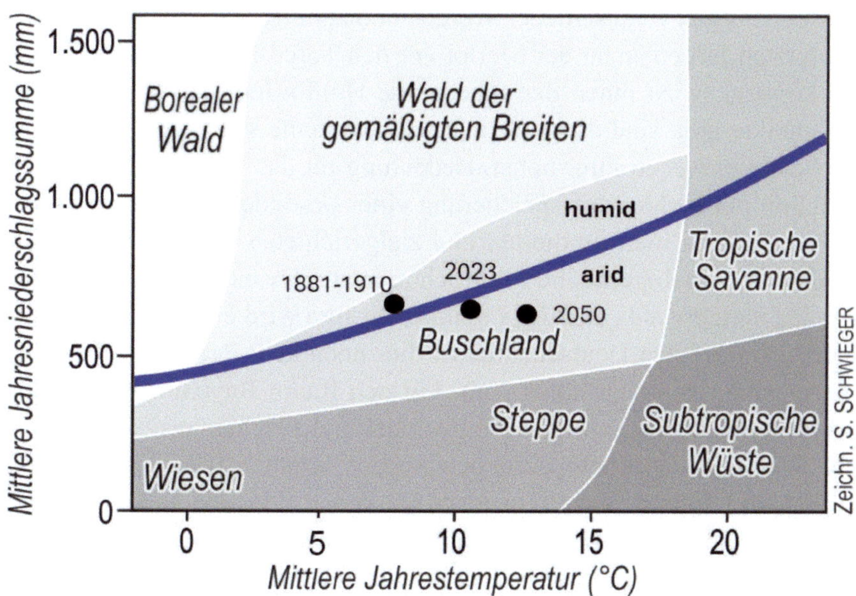

Abbildung 64 Verteilung der Ökosysteme in Abhängigkeit von der mittleren Jahressumme des Niederschlags und der mittleren Jahrestemperatur der Luft. Die Einteilung der Ökosysteme wurde [86] entnommen und die Grenze zwischen humidem und aridem Klima entspricht dem klassischen Modell nach Budyko [87]. Angegeben ist die Zuordnung von Bamberg zu Ökosystemen in der vorindustriellen Zeit (1881–1910), gegenwärtig (2023) und Mitte des Jahrhunderts (2050).

Jahresniederschläge hat zwar in den letzten Jahren etwas abgenommen, ist aber als Trend noch nicht gesichert. Auch gab es in den letzten 140 Jahren insgesamt nur 13 Jahre mit Niederschlagssummen unter 500 mm, aber gut verteilt über den Gesamtzeitraum ohne jegliche Trends. Möglicherweise kommt aber der zunehmenden Frühjahrstrockenheit eine besondere Bedeutung zu. Allerdings wird sich garantiert bei uns kein subtropisches Klima einstellen, denn die Gefahr von Frostperioden bleibt erhalten. Palmen in unseren Städten bleiben ein Wunschtraum, es sei denn, man stellt sie im Sommer in großen Kübeln dorthin.

Während die Landwirte unter diesen Gesichtspunkten die Fruchtarten und die Fruchtfolge ändern können, die Winzer sich vom fränkischen

Müller-Thurgau verabschieden werden und zum Riesling wechseln und in den letzten Jahren sogar der Merlot vor den Toren Bambergs hätte wachsen können, wozu ihnen der sogenannte Huglin-Index [88] sichere Anhaltspunkte gibt, sind die natürlichen Ökosysteme sich selbst überlassen. Sie bedürfen wegen ihrer hohen Bedeutung für das lokale Klima und die Funktion der Kohlenstoffspeicherung eines besonderen Schutzes und einen wissenschaftlich fundierten und zielgerichteten Umbau. Das scheint für das Tal von Regnitz und Main schon jetzt relevant zu sein, für die Höhen des Steigerwalds und des Fränkischen Jura wird es noch 20–50 Jahre dauern. Im Westen Deutschlands ist dies noch kein Problem, da dort die Niederschlagssummen höher sind. Für den Raum Bayreuth wurde kürzlich festgestellt, dass durch Klimawandel und Flächenversiegelung über 300 Pflanzen nicht mehr gefunden werden konnten [89]. Dafür sind in ähnlichem Umfang neue Pflanzen zugewandert oder andere konnten größere Areale besiedeln. Das geschah fast unbemerkt. Wer einen Vorgeschmack von den zu erwartenden Veränderungen bekommen will, sollte in die Kiefernwälder in Brandenburg und zu den im Sommer staubtrockenen Feldern fahren – aber letzteres haben wir 2022 und 2023 auch schon bei uns erlebt.

Wenn man die Probleme für Bamberg und Umgebung in den nächsten Jahren und Jahrzehnten benennen sollte, so sind es wohl der Schutz der Ökosysteme und die Vermeidung der Überhitzung der Stadt in den immer heißeren Sommermonaten. Beides bedingt sich gegenseitig und kann nicht voneinander getrennt werden. Ökosysteme in der Umgebung der Stadt sorgen für den notwendigen Luftaustausch, während eine weitere Ausbreitung der Stadt und Entkernung der Innenstadt diese Effekte zunichtemachen wurde. Somit müssen Lösungen gesucht werden, wie ohne weitere Versiegelung stadtnaher Gebiete und durch bessere Nutzung des vorhandenen Raumes, Ökosysteme erhalten und geschützt werden können und zusätzlich der Effekt der Wärmeinsel Stadt reduziert werden kann.

Frankfurt am Main hat schon in den 1990er Jahren einen geschützten Grüngürtel um die Stadt geschaffen und ist dabei, diesen zu erweitern [90]. Dieser Ring hat geholfen, Begehrlichkeiten an Wald und Wiesenflachen zu reduzieren, die positiven Einflüsse auf das Lokalklima zu erhalten und Möglichkeiten der Naherholung zu schaffen. Bamberg wäre in der

Lage, den faktisch vorhandenen Grüngürtel mit nur einer Öffnung nach Norden unter besonderen Schutz zu stellen und entsprechend zu pflegen, denn wie oben gesagt, die Ökosysteme im Regnitz-Main-Tal und mit einer Verzögerung von nur wenigen Jahrzehnten auch im Steigerwald und im Fränkischen Jura, kommen durch den Klimawandel in eine existenziell kritische Phase. Schutz bedeutet hier auch die Herausnahme des Waldes aus der Bewirtschaftung, um die ohnehin gefährdeten Baume noch einige Jahre zu erhalten. Der Übergang zu einem naturbelassenen Wald würde dazu beitragen, die Bodensubstanz aufzubauen und damit einen effektiven Kohlenstoffspeicher zu schaffen. Mit einem gezielten Waldumbau müssen die Voraussetzungen geschaffen werden, dass der Wald auch in den nächsten 50–100 Jahren dem Klimawandel standhält. Um die lokalklimatische Komponente zu starken, sind möglichst größere geschlossene Gebiete notwendig, die die nötigen Mengen Kaltluft in der Nacht generieren, wobei großflächig geschlossene Baumkronen sogar noch verdunstungsmindernd wirken.

Das Problem der städtischen Wärmeinsel ist bereits vor mehr als 10 Jahren durch den Deutschen Städtetag thematisiert worden [91]. Heute sind gerade die städtischen Wärmeinseln an Tagen mit extrem hohen Temperaturen Ursache für Hitzetote [67]. Es gibt vielfältige Vorschläge, wie der Wärmeinseleffekt vermindern werden kann. Dies gilt natürlich auch für Bamberg, denn gerade das Regnitz-Tal ist besonders warm. Es wurde das Buch sprengen, wenn man hier alle Vorschläge auflisten wollte. Die wichtigsten sind die Begrünung von Gebäuden und des öffentlichen Raums [92, 93], die Erhöhung des Reflexionsvermögens der Bausubstanz und verminderte Wärmespeicherung durch geeignete Materialien oder Abstriche und das Auffangen von Niederschlagswasser in Zisternen und Speicherbecken als Nutzwasser oder für die Bewässerung, denn Grünflächen ohne ausreichende Bewässerung haben bei Hitze kaum einen Nutzen. Nicht zu vergessen sind aber auch private Garten, die häufig zu Parkplatzen und zu Steinwüsten verkommen. Wir sind in Deutschland in der glücklichen Lage, umfangreiche Richtlinien verfügbar zu haben, nach denen die Klimaanpassung unserer Städte vorgenommen werden kann. So ist eine Richtlinie zur Stadtentwicklung im Klimawandel vorhanden [94]. Dazu gibt es umfangreiche Forschungsergebnisse, die übereinstimmend schattenspendenden Baumbestand in den Städten als das wirksamste Mittel gegen die Überhitzung angeben, gefolgt von Fassadenbegrünung und im weiten Abstand Dachbegrünungen [95]. Letztere haben aber erhebliche Bedeutung im sogenannten Schwammstadtkonzept, denn sie halten Wasser zurück – aber auch die oberste Wohnung wird kühler.

Es gibt aber noch ein Problem, welches eigentlich schon gegenwärtig ist, aber als solches kaum wahrgenommen wird. Durch den Klimawandel werden immer mehr Gebiete unbewohnbar oder bieten nicht mehr die Grundlagen für ein angemessenes Leben entweder durch zunehmende Hitze und Trockenheit wie im Norden Afrikas, extreme Temperaturen bei sehr hoher Luftfeuchtigkeit in Zentralafrika und Indien oder durch Überflutung infolge des Anstieges des Meeresspiegels, immerhin schon über 20 cm und bei einem 1,5-°C-Szenarium bis Ende des Jahrhunderts etwa 50 cm. Da diese Gebiete durch Klimamodellierungen klar bestimmt werden können und über die SSP-Pfade die Entwicklung der Menschheit vorhergesagt werden kann, ist es auch möglich anzugeben, für wie viele Menschen die Lebensgrundlage nicht mehr gegeben sein wird und sie umgesiedelt werden müssen. Bis 2100 rechnet man bei einem RCP 2.6 Szenarium mit der Umsiedlung von etwa 10-15% der Weltbevölkerung, bei einem RCP 6.0 Szenarium ist es schon ein Drittel der Weltbevölkerung [96]. In der Menschheitsgeschichte sind die Völker immer den optimalen Klimaten hinterher gewandert. Dies lasst sich mit den heute festgelegten Grenzen nicht mehr realisieren. Dennoch sind klimatisch bevorzugte Gebiete mit Jahresmitteltemperaturen zwischen 10 °C und 15 °C und angemessenen Niederschlagen, zu denen Bamberg gehört, natürliche Zielgebiete für Klimaflüchtlinge. Das Pariser Klimaabkommen trägt dem durch Zahlungen von Mitteln für den Klimaschutz an betroffene Länder in gewissen Umfang Rechnung. Gerade die von der Sonne begünstigten Länder könnten für die Energieversorgung der Erde wichtig werden, wenn sie nur politisch stabil wären. Umsiedlungen im gewissen Umfang lassen sich dennoch nicht vermeiden und nicht durch Grenzzäune verhindern. Politisch muss das Bewusstsein für diese Notwendigkeit schon heute geschaffen werden, gerade auch in den Hauptverursacherländern des Klimawandels, zu denen Europa gehört, und eine planmäßige Integration muss vorbereitet werden.

WAS JEDER TUN KANN

Es ist für einen Bamberger kaum vorstellbar, dass man in einem Biergarten nur unter Sonnenschirmen sitzt, weil die großen alten Bäume durch Trockenheit abgestorben sind, dass sich keiner an einem Sommertag auf die Domterrassen setzt und den Blick auf die Weltkulturerbestadt genießt oder dies vom Spezial-Keller tut, weil es einfach zu heiß ist, dass man nicht bei einem Glas Wein von der historischen Mehlwaage an der Brudermühle oder dem Zentrum Welterbe Bamberg auf das alte Rathaus und die Regnitz blickt (Abbildung 65), weil tote Fische auf dem Fluss schwimmen, dass die Restaurierung der alten Gemäuer immer aufwendiger wird, da das Innere der Gebäude durch die wärmere und damit feuchtere Luft immer stärkeren Verwitterungen ausgesetzt ist oder dass auf dem Wochenmarkt und in den zahlreichen Gärtnereien kein frisches Gemüse mehr erhältlich ist, weil es auf den Feldern vertrocknet ist. Sicher ein Horrorszenarium – aber es könnte bald Realität werden. Wer hätte vor 10 Jahren gedacht, dass im Hain, der beidseitig von der Regnitz umströmt wird, alte Bäume sterben, da sie im Bereich ihrer Wurzeln kein Wasser mehr finden. Oder hätte man vor 30 Jahren erwartet, dass es Maximum-Temperaturen über 35°C gibt und dies an bis zu 10 Tagen im Jahr, bei denen die Innenstadt statt mit sommerlichem Treiben mit Leere erfüllt ist. An tote Fische auf unseren Flüssen und Seen bei Wassermangel und zu hohen Temperaturen haben wir uns schon fast gewöhnt, auch dass dann selbst Atomkraftwerke nicht mehr gekühlt werden können. Und auch mit der Trockenheit auf unseren Feldern sind wir bereits vertraut. Hier bahnen sich Veränderungen an – in der Dimension sicher nicht vergleichbar mit den weltweit durch den Klimawandel schon eingetretenen oder zu erwartenden Veränderungen – aber doch Dimensionen, die den von Stadt, Landschaft und Klima verwöhnten Bamberger zum Nachdenken bringen sollten. Wenn man das Geschehen nicht einfach laufen lassen will, so sollte schnell etwas getan werden. Keiner kann sagen ob nicht doch stärkere Veränderungen hingenommen werden müssen, aber man kann zumindest durch Einschränkung der Emissionen von Treibhausgasen und dem Einhalt der Na-

Abbildung 65 So liebt der Bamberger seine Stadt (häufiger allerdings mit Bier). Foto: Foken

turzerstörung etwas tun, denn Welterbestadt zu sein bedeutet auch das Welterbe zu schützen. In gleichem Maße müssen wir uns aber auch an den Klimawandel anpassen, d.h. vor Starkniederschlägen und Hochwässern unsere Städte und Dörfer schützen und die Stadt Bamberg an die zunehmende sommerliche Hitze anpassen. Das klingt einfach, doch wenn ein Parkplatz einem Baum weichen soll oder sogar Straßenzüge statt von Autos durch Bäume und viel Grün attraktiver werden sollen, dann gibt es erst einmal bei dem bei Veränderungen skeptischen Bamberger einen Protest.

Dennoch geht der Prozess viel zu langsam voran und notwendige Maßnahmen können häufig nur mit vielen Kompromissen realisiert werden, weil es schwierig ist, die notwendigen Mehrheiten zu finden. Und dies eingedenk der Tatsache, dass das Problem spätestens nach dem 1968 gegründeten Club of Rome allgemein bekannt ist [97] und dass wahrscheinlich Anfang der 1990er Jahre der nach exponentiellen Gesetzen und mit vielen Rückkopplungseffekten ablaufende Klimawandel letztmalig noch zu bremsen gewesen wäre, als die weltweiten Emissionen fast nur die Hälfte der heutigen waren.

Bamberg und seine christlichen Kirchen sind traditionell eng verbunden. Um die Jahrtausendwende haben sich beide großen christlichen Kirchen dann deutlich zum Klimaschutz und damit dem Schutz der Schöpfung bekannt. Erheblichen Anteil hatte dabei Karl Kardinal Lehmann [98]. Diesbezügliche Vorträge gehören inzwischen zu einem festen Bestandteil der kirchlichen Bildungsarbeit. -

Die Politik tut sich im Gegensatz dazu immer noch schwer. Viel zu lange wurde Klima, Klimaschutz und Klimaanpassung in eine parteipolitische ideologisierte Ecke gedrängt – und diese Tendenz ist auch heute noch deutlicher zu spüren – und nur in Abwägung aller anderen Interessen beachtet. Politiker fast aller Parteien in Deutschland reden heute vom Klimaschutz mit Worten, Konzepten und manchmal auch mit Taten.

Der Weg zu einem effektiven Klimaschutz, um ab Mitte dieses Jahrhunderts den weiteren Anstieg der Erdmitteltemperatur zu verhindern, ist durch den IPCC und das Pariser Klimaabkommen vorgezeichnet. Da vor allem Kohlendioxid als Treibhausgas sich in der Atmosphäre akkumuliert, kann man exakt ausrechnen, wie viel Treibhausgase noch emittiert werden dürfen, um bestimmte Ziele zu erreichen. Bis 2018 wurden 2200 Gt CO_2 seit Beginn der Industrialisierung in die Atmosphäre emittiert. Bis zum 1,5-°C-Ziel stehen uns noch 420 Gt und bis zum 2-°C-Ziel noch 1170 Gt CO_2 gegenüber dem Bezugsjahr 2018 zur Verfügung [99]. Rechnet man das auf Deutschland mit 2 % der weltweiten Emissionen um (nicht eingerechnet sind Emissionen durch den Import von Waren), so sind dies 8 Gt bzw. 23 Gt (Anfang 2021 waren es dann nur noch 6 bzw. 21 Gt). Abbildung 66 zeigt schematisch Reduktionsszenarien für das 2-°C-Ziel mit einer langsamen Reduktion, wie sie von dem deutschen Klimaschutzgesetz

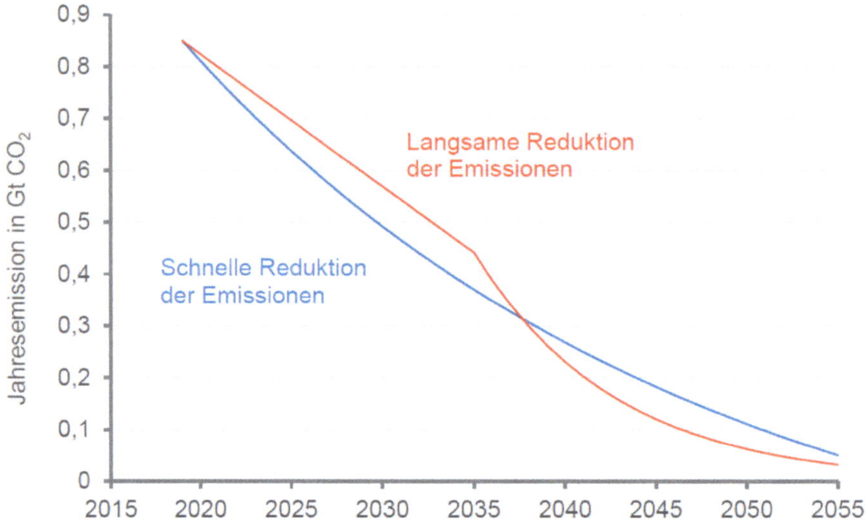

Abbildung 66 Szenarien der Reduktion der Emissionen für Deutschland. Die langsame Reduktion entspricht etwa dem Bundes-Klimaschutzgesetz [100] bei einer noch möglichen Emission von 14 Gt CO_2 ab dem Ausgangsjahr 2018, was etwas mehr als 1 % der weltweit noch möglichen Emissionen für das 2-°C-Ziel bedeutet.

[100] favorisiert und bis 2030 sektorweise festgeschrieben wurde.. Das Klimagesetz verschiebt somit einschneidendere Reduktionen auf die Periode 2030–2050, also auf die heutigen Jugendlichen. Die für das 1,5-°C-Ziel zur Verfügung stehende Menge an Emissionen wäre nach dem Klimagesetz bereits ab 2029 ausgeschöpft. Das Bundesverfassungsgericht hat am 24.03.2021 vorwiegend jugendlichen Klägern Recht gegeben, dass die junge Generation zu stark belastet wird. Das Gesetz musste daraufhin angepasst werden (nahezu schnelle Reduktion in Abbildung 66) und in einer Novelle von 2024 wurde die strenge Sektorenbindung der Reduktionsziele aufgehoben, da der Verkehrs- und Gebäudesektor ihre Ziele nicht erreichen konnten. Dem Klima ist es letztendlich egal, wo die Emissionen eingespart werden, doch sind gerade Verkehrs- und Gebäudesektor die Bereiche, wo die Reduktion am schwersten zu realisieren ist, um nach dem

Klimagesetz 2045 (in Bayern 2040) klimaneutral zu sein, so dass hier eher ambitionierte Maßnahmen notwendig gewesen wären.

Klimapolitik muss sich heute an diesen Reduktionsszenarien messen, die analog auf die Stadt und den Kreis Bamberg übertragen werden müssen. Es kommt also darauf an, Politik auf allen Ebenen so zu gestalten, dass konkrete Emissionsminderungen erreicht werden und diese nicht nur verbal zugesagt werden, sondern durch konkrete Maßnahmen, die auch überprüft werden. Wenn die Parteien dem Klimaschutz doch noch ihren eigenen Schwerpunkt geben wollen, dann sollte dies nicht in der Menge der Emissionsreduzierungen sein, sondern in der Prioritätensetzung, welche der einzelnen Bereiche Energieversorgung, Mobilität, Landwirtschaft, Heizung/Gebäudesanierungen, Industrie, Abfallwirtschaft, Bauwesen, Landnutzungsänderungen (Flächenversiegelungen) wann und in welchem Umfang beitragen sollen, und dies nicht als Appell, sondern als klare gesetzliche Vorgabe. Eine Gefahr für den wirksamen Klimaschutz geht vor allem von allen jenen aus, die die Fakten ignorieren und durch Gewinnstreben und eigenen Egoismus unter dem Deckmantel der individuellen Freiheit Klimaschutz verhindern wollen.

Häufig wird auch auf technologische Verfahren hingewiesen, um die Klimaziele zu erreichen. Selbst der IPCC schließt diese nicht mehr aus [62], auch wenn die Gefahr besteht, dass vielleicht einige Ökosysteme schon zerstört sind, die bei der späteren Absenkung der Treibhausgase nicht wieder regenerierbar sind. Dabei wird eher nicht an den Eingriff in den Strahlungshaushalt der Erde gedacht, da dies nur global erfolgen kann und große Unsicherheiten und Gefahren in sich birgt [101, 102]. Machbar sind aber beispielsweise das Verpressen von Kohlendioxid in dichten Erdschichten, eine denkbare Variante für die energieintensive Industrie wie die Zementindustrie, bislang aber noch nicht im großen Maßstab realisiert. Bei anderen Vorschlägen, wie den synthetischen Kraftstoffen, muss man sich überlegen, ob nicht die primäre Elektroenergie sinnvoller zu nutzen ist als mit zusätzlichem Energieaufwand und somit geringerem Wirkungsgrad andere Energieformen zu erzeugen, wenn sie nicht unbedingt notwendig sind.

Im Landkreis [103] und in der Stadt Bamberg gibt es inzwischen Bilanzen der Treibhausgasemissionen nach dem sogenannten BISKO-

Verfahren (Bilanzierungssystematik-kommunal). Dieses Verfahren erfasst alle Emissionen im Untersuchungsgebiet, aber keine Emissionen aus der überregionalen Industrie, dem nichtlokalen Verkehr, der Land- und Abfallwirtschaft und aus Landnutzungsänderungen. Bei der Berechnung der Pro-Kopf-Emissionen sind etwa ein Drittel der gesamten Emissionen somit nicht berücksichtig. Für den Landkreis betragen die Pro-Kopf-Emissionen 2018 5,9 t CO_2, für die Stadt wurden diese Daten nicht kommuniziert, liegen aber sicher deutlich höher, da die Stadt nicht über das Windenergiepotenzial des Landkreises verfügt.

Was kann der Einzelne tun? Natürlich hängt vieles davon ab, wie die generelle politische Richtung ist, denn nicht alles lasst sich individuell entscheiden. Somit ist auch ein politisches Engagement für jene Politiker wichtig, die sich ohne Vorbehalt für einen effektiven und nachprüfbaren Klimaschutz in Kombination mit Klimaanpassung einsetzen. Selbst kann man natürlich die kleinen Dinge ändern, wie energiesparende Beleuchtung und Elektrogerate, moderne Heizungstechnik wie Wärmepumpen, ggf. energetische Sanierungen. Im persönlichen Leben ist die Mobilität ein erheblicher Faktor. Der Verzicht auf Fernreisen mit Flugzeug und Auto kann in erheblichem Umfang Emissionen einsparen. Der Übergang vom individuellen zum öffentlichen Verkehr ist zumindest auf dem Land an deutliche Veränderungen im Nahverkehr gebunden. Aber auch der teilweise Verzicht auf Fleisch und Fleischprodukte und der Einkauf regionaler Waren ist klimaschonend. Das Umweltbundesamt stellt einen CO_2-Rechner zur Verfügung (https://uba.co2-rechner.de) mit dem jeder seinen CO_2-Fußabdruck feststellen und auch Einsparungsmöglichkeiten analysieren kann. Laut Bundesumweltamt betrug 2023 der pro-Kopf Fußabdruck 10,3 t CO_2-Äquivalent. Nach den bisherigen Daten ist dieser im Landkreis sicher geringfügig niedriger in der Stadt Bamberg aber höher.

Geht man von einem 4-Personen-Haushalt mit $100\,m^2$ Wohnfläche und 2500–5000 € Monatseinkommen in einem 20–25 Jahre alten unsaniertem Haus aus, so sind die in Tabelle 9 angegebenen Einsparmöglichkeiten gegeben. Bei den Annahmen ohne Einsparung werden 10,0 t CO_2 pro Jahr und Person emittiert. Werden alle Einsparungen angewandt, ergeben sich 4,0 t pro Jahr. Ziel müsste für das Jahr 2045 (in Bayern 2040) ein Wert von 1 t sein. Weitere Einsparmöglichkeiten könnten eine energetische

Sanierung (mittelfristig, da dafür Emissionen entstehen) und Veränderungen im Kaufverhalten und diverse individuelle Anpassungen der hier aufgeführten Parameter sein. Der Rechner bietet viele Möglichkeiten zur Präzisierung.

Tabelle 9 Reduktionsmöglichkeiten für einen 4-Personen-Haushalt mit 100 m² Wohnfläche und 2500–5000 € Monatseinkommen in einem 20–25 Jahre alten unsanierten Haus.

Grundannahmen		*Einsparannahmen*	
Heizung	fossil	erneuerbare. Energie	- 6 %
Strom	Strommix	Ökostrom	- 4 %
Auto und ÖPNV	genutzt	Kein Auto, ÖPNV	- 15 %
Flüge (Europa)	8 Std. pro Jahr	Keine	- 10 %
Flüge (interkontinental)	12 Std. pro Jahr	Keine	- 20 %
Verpflegung	Mischkost	Vegetarisch	- 5 %

SCHLUSSWORT

Es war die Absicht des Buches, dem Bamberger und Franken zu zeigen, dass der Klimawandel in unserer Gegend schon zu massiven Änderungen von Wetter und Klima geführt hat mit nicht unbeträchtlichen Auswirkungen. Dies war nur möglich durch eine umfassende Analyse von Messdaten, die unverfälschte Aussagen ermöglichen. Da jedermann alle Daten kostenfrei von der Internet-Seite des Deutsche Wetterdienstes laden kann (www.dwd.de), ist jeder hier angegebene Wert nachvollziehbar. Bei diesen schon eingetretenen Veränderungen sind bereits einige Belastungsgrenzen erreicht worden, so dass bestimmte Ereignisse nicht mehr eintreten, andere dafür umso häufiger und der Nachteil ist, dass diese Änderungen unumkehrbar sind. Da auch bei effektivem Klimaschutz in den nächsten 20–30 Jahren das Erreichen weiterer Belastungsgrenzen erwartet werden muss, wird die Änderung des Bamberger Klimas unvermindert voranschreiten. Das Buch soll aber auch dazu ermutigen, dass mit effektiven Klimaschutz und entsprechenden Klimaanpassungen die Veränderungen abgemildert werden können, und somit eine lebenswerte Umgebung erhalten bleibt. Es fordert aber auch jeden Einzelnen und die Politik auf, den nötigen Beitrag dazu zu leisten.

Es gibt wohl kaum ein besseres Schlusswort als die dringende Mahnung von Papst Franziskus: „Ich lade dringlich zu einem neuen Dialog ein über die Art und Weise, wie wir die Zukunft unseres Planeten gestalten. Wir brauchen ein Gespräch, das uns alle zusammenführt, denn die Herausforderung der Umweltsituation, die wir erleben, und ihre menschlichen Wurzeln interessieren und betreffen uns alle. Die weltweite ökologische Bewegung hat bereits einen langen und ereignisreichen Weg zurückgelegt und zahlreiche Bürgerverbände hervorgebracht, die der Sensibilisierung dienen. Leider pflegen viele Anstrengungen, konkrete Lösungen für die Umweltkrise zu suchen, vergeblich zu sein, nicht allein wegen der Ablehnung der Machthaber, sondern auch wegen der Interessenlosigkeit der anderen. Die Haltungen, welche – selbst unter den Gläubigen – die Lösungswege blockieren, reichen von der Leugnung des Problems bis zur Gleichgültigkeit, zur bequemen Resignation oder zum blinden Vertrauen auf die technischen Lösungen. Wir brauchen eine neue universale Solidarität" [104].

DANKSAGUNG

Für die Bearbeitung der Bamberger Klimareihe und dieses kleinen Buches waren vielfältige Kontakte zu Personen und Institutionen notwendig, denen hiermit für die Unterstützung gedankt wird. Besonderer Dank gilt dem Deutschen Wetterdienst und dem Bayerischen Landesamt für Umwelt für die Bereitstellung von Daten. Des Weiteren danke ich allen, die das Buch mit Bildmaterial unterstützt haben. Dank gilt auch Dr. habil. Johannes Lüers und Dr. Eberhard Faust für viele fachliche Diskussionen und meiner Frau für manchen wertvollen Hinweis.

GLOSSAR

Aerosol: Heterogenes Gemisch aus festen oder flüssigen Schwebeteilchen in einem Gas mit Durchmessern von Nanometern bis 10 µm, bei größeren Durchmessern sind es Wolkentropfen.

Ekliptik: Scheinbare Bahn der Sonne. In der Ekliptikebene liegen bis auf wenige Grad Abweichung die Sonne und alle Planeten.

Huglin-Index: Wärmesummenindex für die Vegetationsperiode von April bis September bezogen auf die Basistemperatur 10 °C, der mit dem Anbau bestimmter Rebsorten verbunden ist.

Isothermie: Gleiche Temperaturen, hier räumlich horizontal und vertikal.

Jetstream: Starkwindband in der oberen Troposphäre in der Nord- und Südhalbkugel.

Lee: Windabgewandte Seite eines Gebirges oder einer Stadt, das Gegenteil ist Luv.

Sonnenflecken: Dunkle Stellen auf der Sonnenoberflache, sie sind ein Maß der Sonnenaktivität.

Strahlung, kurzwellig: Solare Strahlung der Sonne, die die Erdoberfläche erreicht im ultravioletten, sichtbaren und nahen infraroten Bereich mit Wellenlangen von 0,29–3 µm.

Strahlung, langwellig: Terrestrische Wärmestrahlung, die von der Erdoberfläche und atmosphärischen Bestandteilen (Treibhausgase, Aerosole, Wolken) emittiert wird mit Wellenlängen von 3–100 µm.

Temperaturabnahme mit der Höhe: Mit zunehmender Höhe nimmt der Druck ab, die Luft entspannt sich und kühlt sich somit ab. Das Prinzip ist vergleichbar mit dem einer Luftpumpe. Beim Komprimieren wird die Pumpe warm, beim Entspannen kühlt sie sich wieder ab.

Treibhausgase: Gasmoleküle mit asymmetrischem Aufbau, die in der Lage sind langwellige infrarote Wärmestrahlung zu absorbieren und wieder in alle Richtungen zu emittieren. Ursache dafür ist, dass die Frequenz, mit der die Moleküle rotieren oder schwingen, mit der Frequenz der infraroten Strahlung übereinstimmt.

Troposphäre: Unterste Schicht der Atmosphäre in der das „Wetter stattfindet" mit einer Höhe in unseren Breiten von etwa 10 km. Die Lufttemperatur nimmt kontinuierlich auf ca. −80 °C ab.

Wärmekapazitat: Vermögen eines Materials (Wasser, Steine) Energie z.B. aus der Sonnenstrahlung längere Zeit zu speichern und nur langsam an die Umgebung abzugeben. Die Materialkonstanten findet man in einschlägigen Tabellenbüchern.

ANHANG

Klimatologische Normalwerte für Bamberg, Werte für andere Klimaperioden siehe [29], und Extremwerte

Tabelle A1 Normalwerte der mittleren Lufttemperatur in °C der homogenisierten Klimareihe [29]

	Jan	Febr.	März	April	Mai	Juni
1961–1990	−1,54	−0,10	3,36	7,63	12,45	15,72
1991–2020	0,42	1,08	4,72	9,24	13,67	17,06

	Juli	Aug.	Sept.	Okt.	Nov.	Dez.	Jahr
1961–1990	17,30	16,53	13,02	8,17	3,15	−0,02	7,97
1991–2020	18,83	18,26	13,61	9,00	4,35	1,36	9,30

Tabelle A2 Normalwerte der mittleren Minimum Lufttemperatur in °C der homogenisierten Klimareihe [29]

	Jan	Febr.	März	April	Mai	Juni
1961–1990	−4,62	−3,61	−0,95	2,33	6,57	9,89
1991–2020	−3,03	−3,08	−0,57	2,35	6,65	10,29

	Juli	Aug.	Sept.	Okt.	Nov.	Dez.	Jahr
1961–1990	11,32	10,91	8,00	3,98	0,18	−2,86	3,43
1991–2020	12,06	11,55	7,76	4,25	0,87	−1,80	3,94

Tabelle A3 Normalwerte der mittleren Maximum Lufttemperatur in °C der homogenisierten Klimareihe [29]

	Jan	Febr.	März	April	Mai	Juni
1961–1990	1,85	4,30	8,93	13,89	18,92	21,94
1991–2020	3,65	5,43	10,22	15,80	19,99	23,33

	Juli	Aug.	Sept.	Okt.	Nov.	Dez.	Jahr
1961–1990	23,76	23,49	19,88	14,16	7,00	3,18	13,44
1991–2020	25,40	25,20	20,16	14,30	7,88	4,26	14,63

Tabelle A4 Normalwerte der Niederschlagssumme in mm der homogenisierten Klimareihe [29]

	Jan	Febr.	März	April	Mai	Juni
1961–1990	44,9	38,5	46,8	47,9	62,3	76,6
1991–2020	46,8	37,2	43,4	34,8	60,7	61,5

	Juli	Aug.	Sept.	Okt.	Nov.	Dez.	Jahr
1961–1990	60,4	57,8	47,6	44,4	50,3	56,7	634,0
1991–2020	78,8	60,2	55,2	49,5	51,8	53,1	634,4

Tabelle A5 Normalwerte der Sonnenscheindauer in Stunden der homogenisierten Klimareihe [29]

	Jan	Febr.	März	April	Mai	Juni
1961–1990	41,6	76,5	113,3	155,6	203,6	206,7
1991–2020	52,0	79,4	124,2	181,2	209,3	220,6

	Juli	Aug.	Sept.	Okt.	Nov.	Dez.	Jahr
1961–1990	217,2	200,3	156,4	106,9	46,9	38,2	1563,3
1991–2020	230,4	218,8	159,2	102,9	48,8	39,4	1666,3

Tabelle A6 Extremwerte der Lufttemperatur für Bamberg 1879–2024

Wertebezeichnung	Wert	Datum
Kältestes Jahr	5,3 °C	1879
Wärmstes Jahr	10,7 °C	2018
Kältester Monat	−12,9 °C	Dezember 1879
Wärmster Monat	22,7 °C	Juli 1994
Minimum der Lufttemperatur	−30,1 °C	10.02.1956
Maximum der Lufttemperatur	38,2 °C	25.07.2019

Tabelle A7 Extremwerte des Niederschlages für Bamberg 1879–2024

Wertebezeichnung	Wert	Datum
Trockenstes Jahr	402,2 mm	1911
Nassestes Jahr	914,3 mm	1965
Trockenster Monat	0,0 mm	Oktober 1943
Nassester Monat	228,0 mm	August 2010
Höchste Tagessumme	75,3 mm	24.06.1975

QUELLEN

Abbildungsverzeichnis

Umschlagfoto: Foken
Umschlag (Temperaturstreifen): Ed Hawkins, Bracknell, U.K.
Abbildung 7 und 8: Wikimedia Commons
Abbildung 9: Dr.-Reimeis-Sternwarte
Abbildung 11 und 12: Bundessortenamt, Dachwig
Abbildung 19: Akademie für Naturschutz und Landschaftspflege, Laufen
Abbildung 24: Bürgerparkverein Bamberger Hain e. V.
Abbildung 25: Wilde-Rose-Keller
Abbildung 27: Ökologisch-Botanischer Garten der Universität Bayreuth
Abbildung 28: Förderverein zur Nachhaltigkeit der Landesgartenschau Bamberg 2012 e. V.
Abbildung 29: Dr. Marianne Lauerer, Okologisch-Botanischer Garten der Universität Bayreuth
Abbildung 33: Bürgerverein Bamberg-Mitte e. V.
Abbildung 59: Bayerisches Landesamt für Umwelt
Abbildung 61: NEWS5, Nürnberg
Alle anderen Abbildungen und Grafiken sind vom Autor.

Datennachweis

Abbildung Temperaturstreifen Titelseite: Deutscher Wetterdienst und [29]
Abbildung 3: NASA (National Aeronautics and Space Administration, USA)
Abbildung 4: NOAA (National Oceanic and Atmospheric Administration, USA)
Abbildung 18, 41, 42, 43, 44, 45, 58 , Anhang: Deutscher Wetterdienst und [29]
Abbildung 20, 21: GeoBasis-DE /BKG (2020)

Abbildung 20, 21, 22: Deutscher Wetterdienst und [34]

Abbildung 31: Bürgerinitiative „Rettet den Hauptsmoorwald"

Abbildung 32: Bayerisches Landesamt für Umwelt und Deutscher Wetterdienst

Abbildung 34, Tabelle 4: Bürgerverein Bamberg-Mitte e. V. und Deutscher Wetterdienst

Abbildung 35, 36, 37, 38, 39, 46, 47, 48, 49, 50, 51, 52, 53, 54, 55, 56, 57, 60: Deutscher Wetterdienst

Abbildung 62: Deutscher Wetterdienst und [41]

LITERATURVERZEICHNIS

Das Buch verfügt über ein relativ umfangreiches Literaturverzeichnis, um es dem Leser zu ermöglichen, Originalquellen und weiterführende Literatur nachzuschlagen.

[1] *Le Système international d'unités (The international system of units), 9th edition.* Sèvres: Bureau International des Poids et Mesures, 2019, 216 S.

[2] C.-D. Schönwiese, *Klimatologie*, 6. Aufl., Stuttgart: Ulmer, 2024, 416 S.

[3] A. von Humboldt, *Kosmos, Entwurf einer physischen Weltbeschreibung, Teil I (Nachdruck: Die Andere Bibliothek, Berlin, 2014)*. Stuttgart: Cotta, 1845.

[4] H. Berghaus, *Physikalischer Atlas zu Alexander von Humboldt, Kosmos (Nachdruck: Die Andere Bibliothek, Berlin, 2014)*. Gotha: Perthes, 1838-1848.

[5] W. Köppen, "Versuch einer Klassifikation der Klimate, vorzugsweise nach ihren Beziehungen zur Pflanzenwelt," *Geographische Zeitschrift*, Vol. 6, 593-611, 657-679, 1900.

[6] W. Köppen, "Das geographische System der Klimate," in *Handbuch der Klimatologie, Band I, Teil C*, W. Köppen and R. Geiger Hrsg. Berlin: Gebrüder Borntraeger, 1936, C1-C44.

[7] *Proceedings of the World Climate Conference (WMO No. 537)*. Geneva: World Meteorological Organization, 1979, 791 S.

[8]   M. Milanković, "Théorie mathématique des phénomènes thermiques produits par la radiation solaire," *Südslawische Akademie der Wissenschaften und Künste, Gauthier-Villars, Paris,* 27-53, 1920.

[9]   H.-U. Keller, *Kosmos Himmelsjahr - 2025.* Stuttgart: Franckh-Kosmos VerlagsGmbH &Co KG, 2024, 304 S.

[10]   C. Schönwiese, *Klimawandel kompakt, Ein globales Problem wissenschaftlich erklärt.* Stuttgart: Borntraeger, 2019, 132 S.

[11]   *WMO Greenhouse Gas Bulletin No. 20* Geneva: World Meteorological Organization, 2024, 11 S.

[12]   K. E. Trenberth, *The Changing Flow of Energy Through the Climate System.* Cambridge: Cambridge University Press, 2022, XVI, 319 S.

[13]   T. Foken und M. Mauder, *Angewandte Meteorologie, Mikrometeorologische Methoden*, 4 Aufl., Berlin, Heidelberg: Springer-Spektrum, 2024, XIX, 433 S.

[14]   P. Hupfer und W. Kuttler, Eds. *Witterung und Klima, begründet von Ernst Heyer.* Wiesbaden: Vieweg+Teubner Verlag, 2005, XVI, 554 S.

[15]   W. Kuttler, *Klimatologie.* Paderborn: Verlag Ferdinand Schöningh, 2013, 306 S.

[16]   J. Lüers, M. Soldner, J. Olesch, and T. Foken, "160 Jahre Bayreuther Klimazeitreihe, Homogenisierung der Bayreuther Lufttemperatur- und Niederschlagsdaten" *Arbeitsergebn., Univ. Bayreuth, Abt. Mikrometeorol., ISSN 1614-8916,* Bd. 56, 2014, 52 S.

[17]   G. P. Brasseur, D. Jacob, and S. Schuck-Zöller, Eds. *Klimawandel in Deutschland.* Berlin, Heidelberg: Springer-Spektrum, 2023, XX, 527 S.

[18]   *Klima-Report Bayern 2021.* München: Bayerisches Staatsministerium für Umwelt und Verbraucherschutz, 2021, 196 S.

[19]   S. Rahmstorf and H. J. Schellnhuber, *Der Klimawandel,* 8. Auflage München: C. H. Beck, 2018, 144 S.

[20]   M. E. Mann, S. Rahmstorf, K. Kornhuber, B. A. Steinman, S. K. Miller, and D. Coumou, "Influence of Anthropogenic Climate Change on Planetary Wave Resonance and Extreme Weather Events," *Scientific Reports,* Vol. 7, 45242, 2017.

[21]   T. Foken, Hrsg. *Springer Handbook of Atmospheric Measurements.* Cham: Springer 2021, LVIII, 1748 S.

[22]   P. Moore, *Das Wetterexperiment.* Hamburg: Mareverlag, 2016, 560 S.

[23]   G. Hellmann, *Neudrucke von Schriften und Karten über Meteorologie und Erdmagnetismus, Nr. 5, Die Bauern-Praktik.* Berlin: A. Asher & Co. (Neudruck: Hansebooks, Norderstedt, 2017), 1896, 88 S.

[24]   Societas Meteorologica Palatina, *Ephemerides Societatis Meteorologicae Palatinae. observationes anni 1789* Mannheim: Societas Meteorologica Palatina, 1793, 185 S.

[25]   M. Börngen, *Heinrich Wilhelm Brandes (1777-1834)*. Leipzig: Edition am Gutenbergplatz, 2017, 43 S.

[26]   M. Börngen and T. Foken, "150 Years: The Leipzig Meteorological Conference, 1872, A milestone in international meteorological cooperation," *Meteorol. Z.,* Vol. 31, 415-427, 2022.

[27]   T. Hoh, *Meteorologische Mittelwerthe als Grundlage einer Klimatographie Bamberg's*. Bamberg: Reindl, 1877.

[28]   E. Zinner, "Die Remeis-Sternwarte zu Bamberg, 1889-1939," *Veröffentlichungen der Remeis-Sternwarte zu Bamberg,* Vol. IV, 5-96, 1939.

[29]   T. Foken, "Bearbeitung der Bamberger Klimareihe 1879 – 2020," *Univ. Bayreuth, Abt. Mikrometeorologie, Arbeitsergebnisse,* Bd. 57, 2021, 49 S.

[30]   *Guide to Instruments and Methods of Observation, WMO-No. 8, Volume I - Measurement of Meteorological Variables.* Geneva: World Meteorological Organization, 2021/2018, p. 548.

[31]   M. Budde, "Crowdsourcing," in *Handbook of Atmospheric Measurements*, T. Foken Ed. Cham: Springer Nature, 1201-1233, 2021.

[32]   T. Foken, B. Bechtel, M. Budde, D. Fenner, R. Knechtel, and F. Meier, "Crowdsourcing als Möglichkeit zur Gewinnung atmosphärischer Messdaten," *Gefahrstoffe - Reinhaltung der Luft,* Vol. 82, No. 07-08,. 209-219, 2022.

[33]   J. Herzog und G. Müller-Westermeier, "Homogenitätsprüfung und Homogenisierung klimatologischer Messreihen im Deutschen Wetterdienst," *Ber. Dt. Wetterdienstes,* Vol. 202, 1998, 23 S.

[34]   *Amtliches Gutachten: Das Klima von Bamberg, Aktualisierung des Gutachtens von 1985 sowie ergänzende Erläuterungen im Zuge des Bebauungsverfahrens "Gewerbepark Geisfelder Straße".* München: Deutscher Wetterdienst, 2017, 76 S.

[35]   P. Hupfer, P. Becker, und M. Börngen, *20.000 Jahre Berliner Luft, Klimaschwankungen im Berliner Raum* Leipzig: Edition am Gutenbergplatz, 2013, 183 S.

[36]   H. von Storch, I. Meinke, and M. Claußen, Eds. *Hamburger Klimabericht – Wissen über Klima, Klimawandel und Auswirkungen in Hamburg und Norddeutschland.* Berlin, Heidelberg: Springer-Spektrum, 2018, 302 S.

[37]   W. Kuttler, A. Miethke, D. Dütemeyer, und A.-B. Barlag, *Das Klima von Essen.* Hohenwarsleben: Westarp Verlagsservicegesellschaft mbH, 2015, 249 S.

[38]   M. Kottek, J. Grieser, C. Beck, B. Rudolf, and F. Rubel, "World Map of the Köppen-Geiger climate classification updated," *Meteorol. Z.,* Vol. 15, 259-263, 2006.

[39]   D. Reichel, "Wuchsklima-Gliederung von Oberfranken auf pflanzen-phänologischer Grundlage," *Berichte der Akademie für Naturschutz und Landschaftspflege,* Vol. 3, 73-75, 1979.

[40]   H. Ellenberg, *Naturgemäße Anbauplanung, Melioration und Landespflege - Landwirtschaftliche Pflanzensoziologie Bd. 3.* Stuttgart: Ulmer, 1956, 109 S.

[41]   C. Walther *et al., Klimaanpassungskonzept für Stadt und Landkreis Bamberg.* Berlin, Potsdam, 2020, 316 S..

[42]   *Umweltmeteorologie, Lokale Kaltluft, VDI 3787, Blatt 5.* Berlin: Beuth-Verlag, 2003, 86 S.

[43]   T. Foken, "Klimawanderweg auf der Landesgartenschau in Bamberg 2012," *Arbeitsergebn., Univ. Bayreuth, Abt. Mikrometeorol., ISSN 1614-8916,* Bd. 50, 2012, 34 S.

[44]   T. Foken, J. Lüers, G. Aas, und M. Lauerer, *Unser Klima - Im Garten, im Wandel.* Bayreuth: Ökologisch-Botanischer Garten der Universität Bayreuth, 2016, 40 S.

[45]   J. Bendix, *Geländeklimatologie.* Berlin, Stuttgart: Borntraeger, 2004, 282 S.

[46]   T. Foken, *Energieaustausch an der Erdoberfläche.* Leipzig: Edition am Gutenbergplatz, 2013, 99 S.

[47]   S. Henninger und S. Weber, *Stadtklima.* Paderborn: Verlag Ferdinand Schöningh, 2020, 260 S.

[48]   W. Kuttler and S. Weber, "Characteristics and phenomena of the urban climate," *Meteorol. Z.,* Vol. 32, 15-47, 2023.

[49]   T. R. Oke, G. Mills, A. Christen, and J. A. Voogt, *Urban Climates.* Cambridge: Cambridge University Press, 2017, 525 S.

[50]   T. Foken, *Klimawandern in und um Bamberg.* Stadt Bamberg, 2025, in Vorbereitung.

[51]   *Historische Städte in Zeiten des Klimawandels.* Meißen: Arbeits-gemeinschaft Historische Städte, 2023, 79 S.

[52]   C. Thomas and T. Foken, "Organised motion in a tall spruce canopy: Temporal scales, structure spacing and terrain effects," *Boundary-Layer Meteorol.,* Vol. 122, 123-147, 2007.

[53]   M. Herbst, M. Mund, R. Tamrakar, and A. Knohl, "Differences in carbon uptake and water use between a managed and an unmanaged beech forest in central Germany," *For. Ecol. Managem.,* Vol. 355, 101-108, 2015.

[54]   R. A. Spronken-Smith and T. R. Oke, "The thermal regime of urban parks in two cities with different summer climates," *Int. J. Remote Sensing,* Vol. 19, 2085-2104, 1998.

[55]   T. Foken und V. Goldberg, "Welche Möglichkeiten gibt es, die Verdunstung zu reduzieren," in *Warnsignal Klima: Herausforderung Wetterextreme,* J. Lozán, H. Graßl, D. Kasang, M. Quante, und J.

Sillmann Eds. Hamburg: Wissenschaftliche Auswertungen, 284-287, 2024.

[56]   D. Keil, T. Foken, und H. Küffner, "Messen ... und handeln," *Inselrundschau,* Bd. 35, No. 1, 8-9, 2023.

[57]   D. Fenner, B. Bechtel, M. Demuzere, J. Kittner, and F. Meier, "CrowdQC+—A Quality-Control for Crowdsourced Air-Temperature Observations Enabling World-Wide Urban Climate Applications," *Frontiers in Environmental Science,* Technology and Code Vol. 9, 720747, 2021.

[58]   *Umweltmeteorologie, Meteorologische Messungen, Crowdsourcing (VDI 3786, Blatt 24).* Berlin: DIN Media, 2024, 45 S.

[59]   A. Persson, "The Story of the Hovmöller Diagram: An (Almost) Eyewitness Account," *Bull. Amer. Meteorol. Soc.,* Vol. 98, 949-957, 2017

[60]   A. Bojanowski, *Was Sie schon immer übers Klima wissen wollten, aber bisher nicht zu fragen wagten.* Neu-Isenburg: Westend Verlag, 2024, 286 S.

[61]   S. Arrhenius, "On the influence of carbonic acid in the air upon the temperature of the ground," *Philosophical Magazine and Journal of Science, Series 5,* Vol. 41, 237-276, 1896.

[62]   *Climate Change 2021. The Physical Science Basis. Contribution of Working Group I to the Sixth Assessment Report of the Intergovernmental Panel on Climate Change.* Cambridge: Cambridge University Press, 2021, 2391 S.

[63]   G. Jendritzky, G. Metz, H. Schirmer, und W. Schmidt-Kessen, "Methodik zur raumbezogenen Bewertung der thermischen Komponente im Bioklima des Menschen," *Beitr. Akad. Raumforschung Landschaftsplanung,* Bd. 114, 1990, 80 S.

[64]   P. Bröde *et al.,* "The Universal Thermal Climate Index UTCI compared to ergonomics standards for assessing the thermal environment," *Ind. Health,* Vol. 51, 16-24, 2013.

[65]   *Umweltmeteorologie: Methoden zur human-biometeorologischen Bewertung der thermischen Komponente des Klimas (Environmental meteorology - Methods for human-biometeorological evaluation of the thermal component of the climate), VDI 3787, Blatt 2* (Berlin: Beuth Verlag, 2022, 80 S.

[66]   C. Winklmayr, S. Muthers, H. Niemann, und H. G. Mücke, "Hitzebedingte Mortalität in Deutschland zwischen 1992 und 2021," *Deutsches Ärzteblatt,* Bd. 119, 451-457, 2022.

[67]   V. Huber, S. Breitner-Busch, C. He, F. Matthies-Wiesler, A. Peters, und A. Schneider, "Hitzeassoziierte Mortalität im Extremsommer 2022," *Dtsch Arztebl International,* Bd. 121, 79-85, 2024.

[68]   C. M. Zohner *et al.*, "Late-spring frost risk between 1959 and 2017 decreased in North America but increased in Europe and Asia," *Proceedings of the National Academy of Sciences,* Vol. 117, 12192, 2020.

[69]   T. M. Lenton *et al.*, "Tipping elements in the Earth's climate system," *Proceedings of the National Academy of Sciences,* Vol. 105, 1786-1793, 2008.

[70]   J. Rockström *et al.*, "Planetary boundaries: exploring the safe operating space for humanity," *Ecology and Society,* Vol. 14, 1-32, 2009.

[71]   T. Foken und J. Lüers, "Gibt es noch ein "Bayerisch Sibirien"," *Siebenstern,* Bd. 90, 29-32, 2021.

[72]   P. Hupfer, *Unsere Umwelt: Das Klima.* Wiesbaden: Vieweg+Teubner Verlag 1996, 335 S.

[73]   T. Foken, "Lufthygienisch-Bioklimatische Kennzeichnung des oberen Egertales," *Bayreuther Forum Ökologie,* Bd. 100, 2003, 69+XLVIII S.

[74]   C. Beierkuhnlein and T. Foken, *Klimaanpassung Bayern 2020.* München: Bayerisches Landesamt für Umwelt, 2008, 48 S.

[75]   E. de Martonne, "Une nouvelle fonction climatologique: l'indice d'aridité," *La Météorologie,* Vol. 2, 449 – 458, 1926.

[76]   S. Döhring, J. Döhring, H. Borg, und F. Böttcher, "Vergleich von Trockenheitsindizes zur Nutzung in der Landwirtschaft unter den klimatischen Bedingungen Mitteldeutschlands," *Hercynia N. F.,* Vol. 44, 145-168, 2011.

[77]   M. Ionita, V. Nagavciuc, R. Kumar, and O. Rakovec, "On the curious case of the recent decade, mid-spring precipitation deficit in central Europe," *npj Climate and Atmospheric Science,* Vol. 3, 49, 2020.

[78]   A. T. Rädler, P. H. Groenemeijer, E. Faust, R. Sausen, and T. Púčik, "Frequency of severe thunderstorms across Europe expected to increase in the 21st century due to rising instability," *npj Climate and Atmospheric Science,* Vol. 2, 30, 2019.

[79]   C. Beierkuhnlein und S. M. Thomas, "Stechmückenübertragene Krankheiten in Zeiten des globalen Wandels," *Flugmedizin · Tropenmedizin · Reisemedizin - FTR,* Bd. 27, 14-19, 2020.

[80]   R. H. Moss *et al.*, "The next generation of scenarios for climate change research and assessment," *Nature,* Vol. 463, 747-756, 2010.

[81]   B. C. O'Neill *et al.*, "A new scenario framework for climate change research: the concept of shared socioeconomic pathways," *Climatic Change,* Vol. 122, 387-400, 2014.

[82]   D. P. van Vuuren *et al.*, "A new scenario framework for Climate Change Research: scenario matrix architecture," *Climatic Change,* Vol. 122, 373-386, 2014.

[83]   *Climate Change and Land, Summary for Policymakers.* Geneva: IPCC, 2019, 41 S.

[84]   L. R. Holdridge, *Life Zone Ecology.* San Jose, Costa Rica: Tropical Science Center, 1967, 204 S.

[85]   T. Foken, *Bamberg im Klimawandel.* Bamberg: E. Weiß Verlag, 2021, 128 S..

[86]   Q. Zhang *et al.*, "Water limitation regulates positive feedback of increased ecosystem respiration," *Nature Ecology & Evolution,* Vol. 8, 1870–1876 2024.

[87]   M. I. Budyko, *Climate and Life.* New York: Academic Press, 1974, 508 S.

[88]   P. Huglin, "Nouveau mode d'évaluation des possibilités héliothermiques d'un milieu viticole," *Comptes Rendus de l'Académie d'Agriculture de France,* Vol. 64, 1117-1126, 1978.

[89]   A. Bolze *et al.*, Eds. *Flora von Bayreuth und Umgebung.* Bayreuth: Selbstverlag Naturwissenschaftliche Gesellschaft Bayreuth, 2024, 480 S.

[90]   I. Starke-Ottich und G. Zizka, *Stadt Natur in Frankfurt.* Frankfurt am Main: Senckenberg Gesellschaft für Naturforschung, 2019, 252 S.

[91]   Deutscher Städtetag, *Positionspapier Anpassung an den Klimawandel - Empfehlungen und Maßnahmen der Städte.* Köln: Deutscher Städtetag, 2012, 15 S.

[92]   M. Zepf, Ed. *Grün in der Stadt.* Berlin: jovis, 2015, 160 S.

[93]   G. Gross und W. Kuttler, Hrsg., *Stadklima im Wandel, Promet 106.* Offenbach: Deutscher Wetterdienst, 2023, 141 S.

[94]   *Umweltmeteorologie - Stadtentwicklung im Klimawandel, VDI 3787 Blatt (Part) 8.* Berlin: Beuth-Verlag, 2020, 84 S.

[95]   T. Zölch, J. Maderspacher, C. Wamsler, and S. Pauleit, "Using green infrastructure for urban climate-proofing: An evaluation of heat mitigation measures at the micro-scale," *Urban Forestry & Urban Greening,* Vol. 20, 305-316, 2016.

[96]   C. Xu, T. A. Kohler, T. M. Lenton, J.-C. Svenning, and M. Scheffer, "Future of the human climate niche," *Proceedings of the National Academy of Sciences,* Vol. 117, 11350, 2020.

[97]   D. H. Meadows, D. L. Meadows, J. Randers, and W. W. Behrens III, *The Limits to Growth.* New York: Universe Books, 1972, 205 S.

[98]   K. K. Lehmann, *Mut zum Umdenken, Klare Positionen in schwieriger Zeit.* Freiburg: Verlag Herder, 2002, 205 S.

[99]   V. Masson-Delmotte *et al.*, *IPCC, 2018: Global Warming of 1.5°C. An IPCC Special Report on the impacts of global warming of 1.5°C above pre-industrial levels and related global greenhouse gas emission pathways, in the context of strengthening the global response to the*

threat of climate change, sustainable development, and efforts to eradicate poverty. Geneva: Intergovernmental Panel on Climate Change, 2019, 630 S.

[100]   Bundes-Klimaschutzgesetz, "Gesetz zur Einführung eines Bundesklimaschutzgesetzes und zur Änderung weiterer Vorschriften," *Bundesgesetzblatt,* Bd. Teil I, Nr. 48, 2513-2521, 2019.

[101]   H. Ginzky *et al., Geo-Engineering - wirksamer Klimaschutz oder Größenwahn?* Dessau: Umweltbundesamt, 2021, 48 S.

[102]   J. Lozán, H. Graßl, S.-W. Breckle, D. Kasang, und M. Quante, Hrsg. *Warnsignal Klima, Hilft Technik gegen die Erderwärmung?* Hamburg: Wissenschaftliche Auswertungen, 2023, 333 S.

[103]   *Endenergie- und CO₂-Bilanz für den Landkreis Bamberg.* Amberg: Institut für Energietechnik GmbH, 2021, 25 S.

[104]   P. Franziskus, *Enzyklika LAUDATO SI', Über die Sorge für das gemeinsame Haus.* Vatikanstadt: Vatikanische Druckerei, 2015, 222 S.

Thomas Foken ist Professor im Ruhestand für Mikrometeorologie an der Universität Bayreuth am Bayreuther Zentrum für Ökologie und Umweltforschung. Er promovierte 1978 zum Dr. rer. nat. an der Universität Leipzig und 1990 zum Dr. sc. nat. an der Humboldt-Universität zu Berlin. Er leitete die Abteilungen/Dezernate für Grenzschichtforschung und Landoberflächenprozesse des Meteorologischen Dienstes der DDR und des Deutschen Wetterdienstes (DWD) in Potsdam (1981–1994) und Lindenberg (1994–1997). Im Jahr 1997 wurde Thomas Foken zum Professor für Mikrometeorologie berufen. Seine Forschungsschwerpunkte sind die Wechselwirkung zwischen der Erdoberflache und der Atmosphäre sowie die Messung und Modellierung von Energie- und Stoffflüssen mit einem starken Fokus auf Messgerate. Er war aktiv an international organisierten Experimenten beteiligt, z.B. in Russland, USA, Tibet und der Antarktis. Thomas Foken publiziert umfangreich in Fachzeitschriften und ist Autor mehrerer Lehrbücher, darunter „Angewandte Meteorologie" und Herausgeber des „Springer Handbook of Atmospheric Measurements". Seine wissenschaftlichen Beiträge wurden international durch verschiedene Auszeichnungen gewürdigt, darunter die Dionyz-Stur-Medaille in Silber der Slowakischen Akademie der Wissenschaften, der Award for Outstanding Achievements in Biometeorology der American Meteorological Society, die Ehrennadel und Ehrenmedaille des Vereins Deutscher Ingenieure (VDI) und die Ehrenmitgliedschaft der Ungarischen Meteorologischen Gesellschaft. In den letzten Jahren war er als Berater für Arktis- und Waldbrandprojekte sowie als Dozent an der Eötvös Lorand Universität Budapest und als Lehrbeauftragter an der Universität Bamberg tätig. In Deutschland ist Thomas Foken für die Normung von atmosphärischen *in-situ*-Messverfahren (VDI/DIN, ISO) zuständig. Als Spezialist für Klima und Klimawandel in Nordbayern wird er regelmäßig zu Vortragen eingeladen, u.a. bei Veranstaltungen der Fridays for Future-Bewegung.